地方文献检索与利用丛书（第三辑）
德州学院学术著作出版基金资助项目

编译文库

文化

梁玉华 冀颖 王兆 著

纺织文献检索综论

An Overview of Textile Literature Retrieval

中央编译出版社
Central Compilation & Translation Press

图书在版编目（CIP）数据

纺织文献检索综论/梁玉华，冀颖，王兆著. —北京：中央编译出版社，2023.10（2025.5重印）
ISBN 978-7-5117-4474-6

Ⅰ.①纺… Ⅱ.①梁… ②冀… ③王… Ⅲ.①纺织工业—信息检索—研究 Ⅳ.①TS1②G254.9

中国国家版本馆 CIP 数据核字（2023）第 191986 号

纺织文献检索综论

责任编辑：宋　妍
责任印制：李　颖
出版发行：中央编译出版社
网　　址：www.cctpcm.com
地　　址：北京海淀区北四环西路 69 号（100080）
电　　话：（010）55627391（总编室）　　（010）55627319（编辑室）
　　　　　（010）55627320（发行部）　　（010）55627377（新技术部）
经　　销：全国新华书店
印　　刷：三河市华东印刷有限公司
开　　本：710 毫米×1000 毫米　1/16
字　　数：287 千字
印　　张：17.5
版　　次：2023 年 10 月第 1 版
印　　次：2025 年 5 月第 2 次印刷
定　　价：95.00 元

新浪微博：@中央编译出版社　　　　微　信：中央编译出版社（ID: cctphome）
淘宝店铺：中央编译出版社直销店(http://shop108367160.taobao.com)（010）55627331

本社常年法律顾问：北京市吴栾赵阎律师事务所律师　　闫军　　梁勤
凡有印装质量问题，本社负责调换。电话：（010）55627320

序

《地方文献检索与利用丛书》是德州地方文献研究中心（德州学院重点研究中心）联合德州地域文化研究中心共同组织撰写的一套关于地方文献检索与利用的丛书，这套丛书填补了国内此领域的一项空白。

德州地域文化研究中心成立于2005年，十余年来，德州地域文化研究中心积极参与德州城市文化建设，开展地域文化研究，先后编纂出版《德州地域文化研究丛书》四辑，共计44册，为构建德州特色文化品牌，提升文化软实力和城市形象，建设区域文化高地，促进德州文化产业发展做出了重大贡献。2013年，德州地域文化研究中心被确立为德州市首批社会科学研究基地；2017年，又获批山东省"十三五"高校人文社会科学研究基地。

德州地方文献研究中心是德州学院联合德州市委、市政府、市群团组织、市新闻单位、德州军分区等相关部门共同建设的校级学术研究服务机构。该机构的成立旨在积极有效地组织德州地方文献的收集活动，积极开展德州地方文献资源的交流与研究，建成反映德州地域特色的文献总库。该中心成立于2015年12月，其主要职责为以下五点：一是建设包括馆藏实体资源和网络虚拟资源在内的德州地方文献信息资源，对资源进行科学加工整序和管理维护；二是做好流通阅览、资源传送和参考咨询工作，积极开发文献信息资源，开展文献信息服务；三是组织和协调校内外的德州地方文献信息工作，实现文献信息资源的优化配置；四是积极参与文献保障体系建设，实行资源共建、共知、共享，促进事业的整体化发展；五是积极开展各种协作、合作和学术活动。

组织开展关于地方文献的收集、整理和研究是德州地方文献研究中心的重要职责之一。德州地方文献研究中心于2016年组织德州学院校内外专家、学者撰写了《德州旧志校注丛书》（共10册）；2017年组织编写了《德州地方文献导读》（一册装）（德州作家作品目录提要、任继愈学术成果书目提要、《德州日报》地方史志文献索引、德州地方文献研究中心藏书目录、地方文献研究综述）；2018 年初，开始策划撰写《地方文献检索与利用丛书》；2019 年出版了《地方文献检索概论》《德州历代要籍题录与资料索引》《现当代文学导读书目》；2020 年出版了《德州新方志概要》《德州非物质文化遗产项目资料述要》《地方高校图书馆文化建设》；2021 年出版了《德州谱牒文献概要》《任继愈任继周学术著作提要》《德州地方文献联合目录》《德州市馆藏儿童文学联合目录》；2022 年出版了《高校图书馆微服务体系概论》《地方文献阅读推广新论》；2023 年计划出版《纺织文献检索综论》《图书情报视域下运河文献研究》。

此项工作得到了德州学院校领导、德州学院科研处等相关部门的大力支持与帮助，得到了季桂起教授、张明福研究员等区域文化研究专家的指导，在此深表感谢。

张宝泉

2023 年 6 月 9 日

目 录
CONTENTS

第一章 纺织文献与检索 ·· 1
  第一节 纺织文献综述 ·· 1
    一、文献 ··· 1
    二、纺织文献 ·· 14
    三、纺织经典人物和经典文献 ·· 19
  第二节 纺织文献检索系统 ··· 36
    一、文献检索 ·· 36
    二、文献检索系统 ·· 41
    三、纺织文献检索系统概述 ·· 44

第二章 纺织文献检索教学论 ·· 53
  第一节 教学论 ··· 53
    一、教学 ·· 53
    二、教学论 ··· 55
  第二节 纺织文献检索教学特色 ··· 63
    一、纺织文献教学 ·· 64
    二、纺织文献教学特色 ·· 68

第三章　纺织文献检索型系统 …… 76

第一节　文献检索型系统 …… 76
　一、目录 …… 76
　二、索引 …… 80
　三、文摘 …… 85

第二节　纺织文献检索型系统 …… 89
　一、文献检索体系概述 …… 89
　二、国内纺织文献检索工具 …… 91
　三、国外纺织文献检索工具 …… 96

第四章　纺织文献参考型系统 …… 113

第一节　标准 …… 113
　一、标准 …… 113
　二、纺织标准 …… 115

第二节　百科全书 …… 122
　一、百科全书 …… 122
　二、中国大百科全书 …… 124
　三、中国大百科全书（纺织卷） …… 125

第三节　年鉴 …… 128
　一、年鉴的概念 …… 128
　二、年鉴的发展历程 …… 128
　三、年鉴的分类 …… 128
　四、我国主要综合性年鉴 …… 129
　五、国外主要综合性年鉴 …… 131

第四节　手册 …… 132
　一、概念 …… 132
　二、分类 …… 132
　三、国内纺织类手册简介 …… 133

第五节　其他 ··· 138
　　一、词典 ··· 138
　　二、期刊 ··· 145

第五章　纺织文献数字资源 ··· 156
　第一节　数字资源概述 ·· 156
　　一、数字资源的定义 ··· 156
　　二、数字资源的分类 ··· 156
　　三、数字资源的引进类型 ·· 157
　　四、数字资源检索 ·· 158
　第二节　中文数字资源 ·· 159
　　一、中国知网（CNKI） ·· 159
　　二、万方数据知识服务平台 ··· 170
　　三、《中文科技期刊数据库》（维普） ······························ 174
　　四、读秀学术搜索 ·· 178
　　五、超星数字图书馆 ··· 184
　第三节　外文数字资源 ·· 186
　　一、美国《化学文摘》 ·· 186
　　二、美国《工程索引》 ·· 194
　　三、美国《科学引文索引》 ··· 198

第六章　德州市馆藏纺织文献概述 ··································· 203
　　一、德州市馆藏纺织文献特色图书目录 ························· 203
　　二、德州市馆藏纺织文献特色期刊目录 ························· 225

附录 ··· 227

参考文献 ··· 260

第一章

纺织文献与检索

第一节 纺织文献综述

一、文献

文献是信息、知识、情报的固化形式,是记录信息、知识和情报的载体,是传递信息、知识和情报的介质。文献与信息、知识、情报之间不仅相互交叉,在一定条件下还可以相互转化。

本部分将重点介绍文献、信息、知识和情报的概述、分类以及特征等内容,同时对于它们之间的关系进行阐述。

（一）文献

1. 文献的概述

文献的产生和发展历史悠久。"文献"一词的出现可以追溯至春秋战国时期的《论语》。

在《论语·八佾》中,子曰:"夏礼,吾能言之,杞不足征也。殷礼,吾能言之,宋不足征也。文献不足故也。足,则吾能征之矣。"在《四书章句集注》中,宋代朱熹对于"文献"的解释为:"文,典籍也；献,贤也。"在《文献通考·总序》一书中,元代时期的马端临对于"文献"的解释为:"凡经、史、会要、百家传记藏书,信而有证者,谓之'文'；凡臣僚之奏疏、诸儒之评论、名流之燕谈、稗官之记录等,一语一言,可以订典故之得失,正史传之是非者,为之'献'。"此时的"文献",既包含了"录之于书本的文字",又包含了"传之于口的言论"。

随着社会的发展和进步，"文献"一词的含义也发生变化。在《文献情报术语国际标准（草案）》（ISO/DIS5217）中对于"文献"的定义为，"在存储、检索、利用和传递记录信息的过程中，可作为一个单元处理的，在载体内、载体上或依附载体而存储有信息或数据的载体"。在我国的国家标准《文献著录总则》（GB/T 3792.1—1983）中对于"文献"的定义为"文献：记录有知识的一切载体"。在《图书馆·情报与文献学名词》中，对"文献"一词的界定进行了调整，指出"文献是记录知识和信息的一切载体"。

2. 文献构成四要素

（1）信息内容

文献的信息内容，即所记录的信息和知识，是人类文化的结晶，是文献的价值所在，或多或少带有历史的痕迹。随着历史的发展，社会的进步，文献的信息内容也在不断地发展和完善。

（2）信息符号

文献的信息符号，通常指的是用于记录信息以及知识的载体符号，可以借助于图形、文字、数字、图像、音视频等形式来进行记录，并且为人们所感知。目前，文献信息符号以文字为主，数字化的发展越来越被人们所重视。

（3）载体材料

文献的载体材料，通常指的是专门用于记录文献信息符号的特种物质，亦即其物理载体，具有较高的保存和流通价值。其经历了从早期载体时期，到纸质载体时期，再到电子文献的发展过程。

（4）记录方式

文献的记录方式，指的是一种信息加工处理方法，是通过特定的手段，将用于表达文献内容的信息符号记录到相应的载体材料上。

文献信息符号的物理特性的差异性，决定着其不同的记录方式。文献的记录方式可以分为手工记录方式（如书写、雕刻等）、机械记录方式（如印刷等）和自动记录方式（如光痕、磁痕等）三种类型。随着自动化技术、信息技术、声控技术的迅猛发展，文献的记录方式呈现出多样化的发展趋势，从而带给文献制作极大的便利。

3. 文献的类型

（1）根据不同的内容和出版形式，可将文献划分为三种类型：一是连续性出版物，二是图书，三是特种文献。

①连续性出版物，指的是具有统一题目的印刷或者非印刷形式的出版物，可以反映最新的科研成果、时事消息等知识内容，为科学研究和政策制定提供极其重要的参考价值。连续性出版物通常包含年度出版物，报纸、期刊，系列专著丛书或者会议录、学会会刊等。

②图书，从广义上讲，所有传播信息的媒介都可以称为图书；狭义而言，图书则是附有图像和文字的纸张的集合体。随着科学技术的进步和自动化程度的发展，图书的概念也变化拓展。图书主要有丛书、教科书、专著和工具书等类型。

③特种文献，指的是具有特殊的获取途径和出版发行途径的文献。特种文献通常可以划分为七个大类：一是会议文献，二是标准文献，三是科技档案，四是科技报告，五是专利文献，六是学位论文，七是政府出版物。

（2）根据内容以及性质的加工深度的差别，可以将文献划分为四种类型。

①零次文献

零次文献，指的是没有经过任何处理的通过非正规物理载体进行记录的最原始的文献，此类文献是分散的、零星的、无规则的，如私人手稿、笔记、个人通信、实验记录、原始统计数据、工程图样和技术档案等。零次文献通常不被作为利用的文献类型，是一次文献的基础。

②一次文献

一次文献通常被称为原始文献。在文献学和图书馆学的层面，一次文献一般指的是可以用来当作证据的引用文献资料，是以作者本人所取得的研究成果作为依据而独创的报告和论文等各类文献。不同的研究领域和研究方法，对一次文献的界定会有所区别，其特点明显：形式多样、内容具体，具有供读者研究的价值；内容独创原创，能反映某研究领域的最新成果；来源分散庞杂，分散在各类图书、期刊或者连续出版物等资料中，查找难度较大。

一次文献是最重要的文献情报源，是文献检索、文献利用的主要对象，是形成二次文献和三次文献的重要基础，是读者用以学习和参考的最根本的文献类型。

③二次文献

二次文献，是按照特定的学科专业体系和逻辑顺序对无序的一次文献进行鉴别分析、归纳整理等而形成的有序化的文献形式。二次文献是检索和报道文献资料的非常有效的方法，可以系统全面地反映在特定范围和特定时期的某个学科领域的相关文献线索，主要包括文摘、目录和索引等。

二次文献兼有报道和文献检索的功能,具有高度的浓缩性,可以独立完整、客观准确地记叙原始文献的重要内容,忠实于原始文献,不添加任何的评论和解释。

④三次文献

三次文献,通常指的是以一次文献和二次文献为基础,对其进行一系列的加工和处理,再次出版的文献资料。三次文献分为参考工具类、综述研究类和文献指南类三种类型。

A. 参考工具类。如标准、百科全书、手册、年鉴、词典以及各类大全等。

B. 综述研究类。如总结报告、专题述评、进展通信、动态综述、信息预测以及未来展望等。

C. 文献指南类。如工具书目录、专科文献指南以及索引与文献服务目录等。

根据不同的载体类型,此类文献又可分为四种类型。

A. 缩微型文献,如缩微平片、胶卷等。此类文献以感光材料为载体,必须借助专用的放大设备才可使用;密度大、体积小,易于保存、容易传递。

B. 声像型文献,如录像带、录音带、唱片、DVD、CD、VCD等。此类文献是采用相应的声学、磁学、光学和电学等技术,借助特定的仪器设备,把文献信息转换成音频和影像资料等形式的知识载体。声像型文献方便记载,但是很难利用文字的形式来表达。

C. 纸介型文献,是进行文献信息传递的重要载体。此类文献为传统的文献形式,通常以纸张为载体,可以分为印刷型和手抄型两种类型。纸介型文献在进行知识传递时更加灵活方便,保存时间比较长,但是占据空间庞大。

D. 电子型文献,又称为电子出版物,通常是将信息利用高科技的技术保存在与之相适合的媒体中,如磁盘、磁带以及光盘等,一般包含电子图书和期刊、光盘数据库和网络数据库等多种类型。此类文献具备电子加工、传递和出版的功能,其信息存取的速度快、存储的密度大。

(3)根据不同的载体形式,文献可以划分为泥板文献、纸草文献、金文文献、甲骨文献、石刻文献、简牍文纸质文献、机读文献、音像文献等类型。

(4)根据不同的语种,文献可以划分为多语种文献、单语种文献,或者英语文献、汉语文献等类型。

(5)根据文献所形成的历史时期,文献可以划分为古代文献和现代文献等类型。

（6）根据文献使用和传播的范围，文献可以划分为公开发行、非公开发行等多种类型，非公开发行文献又被称为限制流通文献或内部文献。

（7）根据文献内容所隶属的学科范围，文献通常分为科技文献、社科文献以及各学科文献等类型。

4. 文献的特征

在编制各类文献检索工具时，通常以文献特征作为著录依据，包括内部特征和外部特征。

（1）文献的内部特征

对文献的内容和属性进行揭示，包括分类号和主题词两部分。

①分类号

分类号，是现代文献分类法中较重要的构成部分，通常指的是在分类语言中用于代表类目名称的标志性符号。通过分类号，用户可以大致了解该文献的学科归属以及内容属性，用户还可以根据分类号进行目录分类和排架。

表1-1 中国图书馆分类法：分类号—分类名称对应关系举例

分类号	分类名称
T	工业技术
TS	轻工业、手工业、生活服务业
TS1	纺织工业、染整工业
TS10	一般性问题
TS102	纺织纤维（纺织原材料）
TS102.1	纤维物理、纤维化学
TS102.2	植物纤维
TS102.3	动物纤维
TS102.4	无机纤维、矿物纤维
TS102.5	化学纤维
TS102.6	改性纤维
TS102.9	废纤维的回收与利用

②主题词

文献的主题词是对于文献所要表达内容的高度概括。主题词又被称为叙词，在标引以及检索过程中用来表达某文献主题的人工语言，主题词应根据相应的主题词表来进行选择。

（2）文献的外部特征

主要包括以下八部分内容。

①文献名称：通常是对文献内容的高度概括总结。

②著者名称：又被称为作者，一般是指个人或者机关团体。

③版本：文献的排版次数，包含版次和版刻等内容。

④出版地：出版者所在地，在一定程度上可以反映地方性出版物的特点。

⑤出版者：通常是指负责出版的机关团体或者企业组织等。

⑥版期：指的是某一个版次的出版时间。

⑦载体形态：通常包括文献的卷数、页数、插图、折图、照片、开本等内容。

⑧标准书号与刊号：一般来讲，图书对应的是 ISBN 号，期刊对应的是 ISSN 号。

随着科学技术的进步和社会的发展，文献的发展非常迅猛，不但数量急剧增加，而且种类繁杂、语种不断增多，既有传统的期刊和图书，又有各类的会议录、报告文集、博硕士论文以及专利文献等。近年来，随着各学科的不断交叉和相互渗透，大量的文献出现了交叉和重复，导致了文献"冗余"现象的出现。同时，人们面临着文献老化、失效速度越来越快的问题。随着互联网的普及和检索技术的发展，文献载体电子化和文献传播网络化已成为文献的主要发展趋势，文献传播的网络化以及文献载体的电子化都为我们获取文献、利用文献提供了极大的便利。

5. 文献的作用

（1）科学研究的基础

科学研究的根本任务是探索未知和认识未知，是人们在大量收集文献资料的基础之上，对文献资料进行深入分析、探索寻求其内在联系后，再去做更加细致的研究。明代时期，由李时珍编纂的《本草纲目》便是利用和研究古代文献的典范之作，统计资料显示，《本草纲目》所引用的文献量有 900 余种。

（2）记录和继承知识最有效的手段

文献是人们认识客观世界、获取和积累知识非常重要的途径，它随着社会的不断进步而迅速发展，记载了人类文明的进步和人类智慧的结晶。

（3）反映特定时期的知识水平

文献的记录手段、构成形态和传播方式等，会或多或少地受当时社会发展水平的制约和影响。反之，文献又会促进社会的发展和进步。

（二）信息

1. 信息概述

由于人们对于自然界、对于事物的认识不同，所以对于事物的界定便会有所区别，对于"信息"的认识亦是如此。"信息"无时无刻无处不在，国内外的学者专家、各类机构、各种标准等对于"信息"的定义描述亦不尽相同。

统计资料显示，有关"信息"的定义就有百余种。"信息"的拉丁词源"informatio"，翻译过来即是"通知、报道或消息"的意思。在我国的历史资料记载中，"信息"最早出自唐诗，代表"音信、消息"的意思。

下面介绍几种最具代表性的"信息"定义。

（1）机构、标准等对于"信息"的定义

①《辞海》中有关信息的定义描述为："信息是指对消息接受者来说预先不知道的报道。"

②《广辞苑》中有关信息的定义描述为："信息是对某种事物的预报。"

③《韦氏大词典》中有关信息的定义描述为："信息是通信的事实，是在观察中得到的数据、新闻和认识。"

④《中国大百科全书》中有关信息的定义描述为："一般说来，信息是关于事物运动的状态和规律的表征，也是关于事物运动的知识，它用符号、信号或消息所包含的内容，来消除对客观事物认识的不确定性。"

⑤《情报与文献工作词汇基本术语》（GB/T4894—1985）中有关信息的定义描述为："信息是物质存在的一种方式、形态或运动状态，也是事物的一种普遍属性，一般指数据、消息中所包含的意义，可以使消息中所描述事件的不定性减小。"

（2）专家、学者对于"信息"的定义

①周怀珍指出："信息是物质和能量在空间和时间中分配的不均匀程度。"

②严怡民（情报学专家）主编了著作《情报学概论》，在该著作中，将信息定义为："生物以及具有自动控制系统的机器，通过感觉器官和相应的设备与外界进行交换的一切内容。"

③诺伯特·维纳（Norbert Wiener）（控制理论的创始人，美国著名的数学家）指出："信息是我们适应外部世界并且使这种适应为外部世界所感知的过程中，同外部世界进行交换的内容的名称。"

④申农（C. E. Shannon）（信息论的创始人、美国数学家）指出："信息是能够用来消除不确定性的东西，它能使系统的有序性增强，减少破坏和混乱的噪声。"

⑤别尔格（B. A. Бepr）指出："信息作为自然界客观现象的一个方面，是在整个世界、整个宇宙中无所不存在的。"

⑥朗格（G. Longe）："信息是事物之间的差异，而不是事物本身。"

综上，对于"信息"的描述，有的是广义的，有的是狭义的，《中国国家标准》对于"信息"的界定比较全面。一方面，"信息"内容本身客观存在，不随人们是否能够认识而发生变化；另一方面，"信息"形式主观，人们对于自然界存在的客观事物的认识、判断等均通过各类不同的"信息"来呈现；再一方面，"信息"为物质产生，是物质的根本属性。

我们可以将"信息"的定义归纳为：信息是自然界中物质的存在状态或者存在方式，以及某种存在方式或者存在状态的呈现或者揭示。信息与自然界的客观事物共同存在，通过信息可以反映客观事物的本质、特性及运动规律。

2. 信息获取三要素

（1）信息源，是信息发送的主体。

（2）信道，是信息传递或者发送的媒介。

（3）信宿，信息传递或者发送的对象。

信息是以信号的形式由信息源传送到信宿，在其传送过程中，会经过编码、调制等多种形式的信号转换或者处理，但是最终传送到信宿的还会是信号，信宿只有具备一定的信号辨识功能时，接收的信号方可转换为信息。

3. 信息的类型

（1）根据本质的不同，可将信息划分为语用信息、语义信息和语法信息三种类型；

（2）根据地位的不同，可将信息划分为主观信息和客观信息两种类型；

（3）根据作用的不同，可将信息划分为干扰信息、无用信息、有用信息三种类型；

（4）根据重要性的不同，可将信息划分为作业信息、战术信息、战略信息三种类型；

（5）根据形态的不同，可将信息划分为文本信息、图像信息、数字信息和声音信息四种类型；

（6）根据发生概率的不同，可将信息划分为模糊信息、偶发信息、概率信息和确定信息四种类型；

（7）根据形成领域的不同，可将信息划分为人类社会信息、地球自然信息、宇宙信息三种类型；

（8）根据应用领域的不同，可将信息划分为文化信息、农业信息、经济信息、管理信息等类型；

（9）根据加工深度的不同，可将信息划分为零次信息、一次信息、二次信息和三次信息四种类型。

4. 信息的特征

（1）客观性

信息是事物及其状态发生变化时的表现形式。信息内容以及信息本身都是客观存在的，都具有客观性。

（2）信息与载体的统一性

种类繁多的信息，必须通过一定的载体，才可被人们所感知、所利用，从而可以帮助人们全方位多维度地认识客观世界。信息载体可以是文字、磁带、光盘、音视频等各种物质形态。信息和信息载体是相互统一、不可分割的，严格意义上来讲，没有信息载体，信息很难实现自身的价值；但是，仅仅有信息载体的独立存在，更像是缺失了灵魂。

（3）时效性与价值性的统一

信息的时效性，通常指的是从信息的产生、传播、接收到信息的利用这一完整的时间周期中，各个过程发生的时间间隔与效率。信息的存在具有一定的时效性，不同的信息，使用寿命不同。

信息一经产生，就会被人们所利用，于是便具有了一定的使用价值。信息的价值性与其时效性成反比，信息的价值会随着时间的推移而变低，直至完全消失，时间越长，信息的价值性越低。

（4）加工性和存储性的统一

在客观世界存在的信息，数量庞大、形式多样，不同的社会群体对于信息的需求有所不同。信息只有通过科学的加工和处理后，才能被人们最大限度地利用。同时，人们还可以对大批量分散以及零星的信息，进行归纳总结，整理提炼出具有普遍性、带有规律性的价值性较高的信息，供不同的群体利用。

信息可以通过图文、音视频以及计算机语言等不同的形式进行存储和利用，当然，相同的信息可以采用不同的载体记载。

（5）共享性和继承性的统一

作为一种知识资源，信息可以被多个用户在相同的时间和相同的地域范围使用、共同分享。信息的共享可以最大限度地利用信息资源、充分发挥信息的效能，助力科学研究，服务社会。信息可以日复一日、年复一年地持续地被保存、记忆和继承，信息所发挥的作用是延绵不断、世代流传的。

（6）增值性和延续性的统一

在不同的时期、不同的阶段，对于不同的使用群体而言，信息的价值体现具有差异性。但是信息所发挥的作用、对于社会的贡献，可以被不断地引申和孵化，从而使得信息的价值不断成长和增值，使得信息可以被不断地复制、再生和延续。

（三）知识

1. 知识的概述

"知识"是一个常用术语，但是对于"知识"定义的界定，国内外的学者专家、各类机构等的描述亦不尽相同。要想做到对于"知识"一词精准地给出定义，是非常困难的。

下面介绍几种最具代表性的"知识"定义。

（1）专家、学者对于"知识"的定义

①詹德（Zander）："知识是构造团体之间用以指导组织的成员在特定情境中行为的意识。"

②斯威比（Sveiby）："知识是一种指导行为的能力，人类行动的能力只有在行动中才能表现出来，个体必须根据经验再造行动能力与事实。"

③朗（Long）和费伊（Fahey）："知识是认知主体进行脑力思考后的精神产品，隶属于认知个体或组织团体，往往嵌入在某个概念、事件、语言、工具或某个过程中。"

④李奥纳德（Leonard）和森斯波（Sensiper）："知识包含那些具有相关性与可行性的信息，具有主观性，基于生产实践的经验也是知识。"

⑤董小英："知识是客观事物包含的信息内容在人类认知图式的支持下，经

过分析、整合、创造的有序信息集合。"

⑥钟义信："知识是以众多信息为原材料，认知者对信息进行分析、整合、思考所得出的智力产物。"

（2）机构、标准等对于"知识"的定义

①根据美国韦伯斯特（Webster）词典1997年关于知识的描述，知识是通过实践、研究、联系或调查而获得的关于事物的事实和状态的认识，是对科学、艺术或技术的理解，是人类获得的关于真理和原理的认识的总和。

②《辞海》中有关知识的定义描述为："知识是人类认识的成果或结晶，是人类在认识和改造世界的社会实践中获得的对客观事物本质和运动规律的认识。"

③《中国大百科全书》中有关知识的定义描述为："所谓知识，就它反映的内容而言，是客观事物的属性与联系的反映，是客观世界在人脑中的主观印象；就它反映的活动形式而言，有时表现为主体对事物的感性知觉或表象，属于感性知识，有时表现为关于事物的概念或规律，属于理性知识。"

随着社会的发展，对"知识"一词的界定也在不断发生变化。知识是对于人类实践经验的概括和总结，根据加工深度不同，通常可以划分为感性知识、理性知识两大类。所谓感性知识，一般而言，指的是没有经过任何加工处理的知识，仅仅是对于客观事物的描述以及对客观事实的感知；而理性知识，一般指的是经过加工处理的知识体系，是人们对于客观事物的规律及本质的深层次认识。

2. 知识的类型

（1）根据不同的来源，可以将知识划分为生产实践类知识、社会实践类知识和科学实验类知识等类型；

（2）根据研究对象的不同，可以将知识划分为社会科学、自然科学两大类；

（3）根据属性的不同，可以将知识划分为元认知性、事实性、概念性和程序性等类型；

（4）根据形态的不同，可以将知识划分为主观形态、客观形态两大类；

当然，还可以根据事物运动方式、思维特征等不同的标准，将知识进行不同类型的划分。

3. 知识的特征

（1）实践性

人们对知识的运用以社会实践为基础，掌握一定的科学知识又能指导人们进行有效的社会实践。通过社会实践，人们可以获取掌握知识、熟练运用知识的本领和能力。

（2）规律性

通过社会实践，人们对种类繁多的事物产生了认识，在认识事物的过程中获取了相应的知识。在一定程度上，知识揭示了事物和事物之间的内在联系的实质，以及事物在运动过程中呈现出的规律性所在。

知识之所以可存储、可传输、可利用，都是以知识具有的可表示性为基础和前提的，知识通常借助语言文字、图像，以及各种逻辑表达式等媒介来表示。

（3）渗透性

随着社会的不断进步以及各个学科领域的交叉融合，人们对知识的掌握和利用逐渐由单一性向多样性发展，通过知识的交叉、融合、渗透，从而衍生形成新的知识体系。

（4）继承性

人们利用知识、提炼知识、传承和发展知识的过程，实际上也是新知识产生、旧知识继承的过程，可以为知识后续的更新迭代打下良好的基础。

（5）不精确性

鉴于客观世界的多样性和复杂性，几乎所有的概念都不能做到绝对精确，知识也一样，不能简单地使用"非真即假""非是即非"来界定，可能会处在其真假之间或者是非之间的某个状态。

（四）情报

1. 情报的概述

所谓情报，通常指的是在特定的时间和状态下，为特定的人群所提供的具有价值的知识及信息。情报一经产生，便具有非常明确的定向性。

在我国，"情报"最早出现时的含义是和军事有关的，最典型的描述为："战时关于敌情之报告，曰情报。"（1939年版《辞海》）在译著《战争论》中，首次出现了"情报"这一词汇，指的是"有关敌方或敌国的全部知识"。以上关于"情报"比较原始的界定，都带有非常鲜明的战争时期的痕迹。

关于情报的定义，至今在国内外学术界仍然没有非常确切的说法。

在我国情报学界中，以下几种说法最具有代表性：第一种说法认为"情报就是作为人们传递交流对象的知识"；第二种说法认为"情报是运动着的知识"；第三种说法认为"情报是传播中的知识"；第四种说法认为"这种知识是使用者在得到知识之前不知道的"。

在国外，知名的情报学家曾经提出以下观点。

①A. H. Mikhaylov（苏联情报学家）提出："情报——作为存贮、传递和转换的对象的知识。"

②B. C. Brooks（英国情报学家）提出："情报是使人原有的知识结构发生变化的那一小部分知识。"

在工具书和著作中，对情报的定义也有不同的说法。

①《牛津英语词典》中指出，情报是"被传递的有关特殊事实、问题或事情的知识"，"有教益的知识的传达"。

②《情报组织概论》（日本）一书指出："情报是人与人之间传播着的一切符号系列化的知识。"

2. 情报的类型

（1）根据应用范围的不同，可以将情报划分为政治情报、军事情报、技术情报、经济情报等类型；

（2）根据发挥作用的不同，可以将情报划分为战略情报和战术情报两种类型；

（3）根据传递形式的不同，可以将情报划分为口头情报、文字情报、实物情报、数据情报、文献情报和音像情报等类型；

（4）根据公开的程度，可以将情报划分为秘密情报、公开情报、内部情报和机要情报等类型。

3. 情报的特征

（1）知识性

情报的本质即知识，情报最主要的特征就是知识性。新的知识会随着新工艺、新技术、新发明、新成果等科学技术的不断进步而相继产生，只有具备一定实质性内容的知识，才有可能成为情报。

（2）传递性

情报的第二特征就是传递性。只有具备运动性同时满足某种特定需求的知识，方可成为情报。

情报的传递性包括两个方面：一是情报的传递必须借助一定的物质形态；二是人们要想获得情报则必须经过传递。情报的传递可以利用电话、邮件、电报、网络等方式进行，也可以采用手传和口传等手段。

（3）效用性

情报的第三特征就是效用性，具备一定效用和价值的知识才能称为情报。同时，情报又具有相对性。

（五）信息、知识、情报、文献的关系

信息、知识、情报、文献，四者之间既存在着联系又有着不同程度的差别。

1. 信息在客观世界和人类社会中广泛存在、客观存在，在它们四个中，信息的覆盖范围是最大的、覆盖面是最广的。

2. 知识是将信息加工和提炼而形成的，但是并不是所有的信息都能称为知识，知识是信息的一部分。信息是客观和动态的，知识是理论化和系统化的信息，是主观的，又是静态的。

3. 情报是具有效用性和价值性的动态的知识，从理论上来讲，情报应该隶属于知识，是知识的一部分。

4. 文献是用于记载信息、知识、情报的载体，但是，并不是所有的信息都能以文献的形式流传下来。文献所记载的内容，只有一小部分是人们所需要的，能为人们所用，更多的内容则是人们所不需要的。文献是信息的一部分，而且，文献与知识和情报之间都有交叉重叠的内容。

综上所述，信息的内容最广，包含了知识、情报和文献，同时，在一定条件下，它们是可以相互转化的。就目前来讲，学术界较统一的观点是：信息内容>知识内容>情报内容，而且，情报和文献之间关系非常密切。

二、纺织文献

纺织文献，通常指的是与棉麻毛丝及化纤等原材料的纺纱和织造、纺织机械、纺织基础科学等内容相关的所有文献。

有关纺织文献的检索型系统、参考型检索系统以及数字资源等具体内容，会在后面的章节做详细的介绍，本部分则重点介绍我国古代和近代纺织文献中的代表著作。

（一）我国古代和近代著名的纺织文献

1. 《释缯》

《释缯》，成书于清代乾隆年间，被《皇清经解》和《燕禧堂五种》收录。该书为国内研究古代丝织物的首部著作，著者为任大椿，曾经担任《四库全书》的纂修官。本书以"先秦至唐"这一时期的文献为基础，对于丝织物的种类以

及名称等进行了整理、汇总、分析和考证。本书介绍了几十种丝织物,提出了三种丝织物的分类方法,记载了锦的变迁历史、缎的来历等丝绸的发展历史。

《释缯》一书,对于人们研究我国古代丝绸史以及现代丝织物的分类和命名等,都具有非常重要的参考价值。

2.《木棉谱》

"木棉"是我国古代对于棉花的一种称谓,《木棉谱》是我国清代介绍上海棉纺织业及其发展史的一部专著,成书于乾隆年间,著者为褚华。本书记载了棉花栽培的整个过程以及棉花采摘的整套生产技术,1935年,《木棉谱》被《上海掌故丛书》收录。

3.《蚕桑萃编》

《蚕桑萃编》,是我国古代篇幅最大的蚕书,成书于光绪二十年,著者为卫杰。全书共分15卷,书中的部分内容(例如:四川旱纺图、江浙水纺图等)反映了我国当时手工缫丝织绸技术的最高水平和成就。相关内容及分布见表1-2。

表1-2 《蚕桑萃编》内容分布一览

序号	卷号	主要内容	备注
1	第1—10卷	栽桑、养蚕、缫丝、织绸、练染等	—
2	第11—13卷	蚕桑缫织图	—
3	第14卷	英国、法国的蚕桑技术和生产状况	外记
4	第15卷	日本蚕务	外记

《蚕桑萃编》是人们研究我国近代蚕桑技术及其发展非常珍贵的参考资料。

4.《丝绣笔记》

《丝绣笔记》,是我国关于研究传统丝织物的著作,成书于1930年,著者为朱启钤,是我国研究中国丝绸史的倡导人之一,曾任北洋政府高级官员。本书于1932年增补后再版,被《丝绣丛刊》和《美术全集》收录,共分为上、下两卷,分别为《记闻》和《辨物》。本书对于人们研究我国纺织史具有非常重要的参考价值。

5.《耕织图》

《耕织图》,是我国南宋时期关于耕织技术的著作,著者为楼璹,曾任朝仪大夫。本书内容采用诗配画的形式呈现,包含织图24幅、耕图21幅。《耕织图》对于南宋时期蚕桑丝织业的发展起到了非常大的推进作用。《耕织图》摹本有多种，如元代的程棨摹本、宋宗鲁重刊本、明代万历刊本等，现在其真本已经找不到了，清代康熙三十五年，《耕织图》由焦秉贞进行重绘，《雍正耕织图》是我国的国家一级文物。

6. 《齐民要术·种桑柘》

《齐民要术》，是世界上最久远的农业科学著作之一，是中国现存的内容最完整、最详尽，出版时间最早的农业科学著作，著者为贾思勰，在北魏永熙二年至东魏武定二年成书。全书共有正文10卷、92篇、11万字。本书记载了包括蚕桑在内的很多纺织原料生产技术，在当时均处于世界领先地位。本书第5卷专门列出"种桑柘"，首次对荆桑、地桑、黑鲁桑以及黄鲁桑等进行了区分，同时说明当时的优良桑种是鲁桑。本书还记录了有关蚕种的选育技术，第一次提出可以从眠期和化性的角度对蚕种进行分类的观点。在本书第10卷还有关于木棉树的记载。

7. 《蚕书》

《蚕书》，是现存的我国乃至世界上首部关于养蚕和缫丝的专书，著者秦观，成书于宋代哲宗年间。《蚕书》的内容包括10个部分，是在我国范围内非常有价值的古蚕书之一，书中文字简洁，部分内容至今仍有很高的参考价值。

8. 《天工开物·乃服》

《天工开物》，在世界范围内，是首部有关农业、手工业生产内容的综合性著作，外国学者称之为"中国17世纪的工艺百科全书"。《天工开物》成书于崇祯十年，著者为宋应星，明代科学家。全书原分为18卷，同时配有插图123幅，现为上中下3卷18篇，其中，"乃服"和"彰施"两篇文章对当时的棉纺织、麻纺织、丝纺织及其印染整理技术进行了详细的阐述。

本书记载的毛青布的染色方法，在如今的农村一直在沿用。本书为人们研究我国古代的纺织技术和纺织机械等提供了非常宝贵的文献资料，其日文版、法文版、英文版等相继出版，流传广泛、影响深远。

9. 《农桑辑要》

该著作是我国现有最早成书的官修农书，由司农司编撰完成，成书于至元十年。《农桑辑要》主要记载了我国北方农桑技术的发展状况。在至元二十三年、延祐五年，先后对该书进行修订、重刻，在原有著作内容的基础上，补充增加了我国南方栽桑育蚕技术的相关内容。《农桑辑要》共有7卷10部分内容，非常详细地记载了我国元代的缂丝工具及其生产过程，同时，对于木棉、苎麻、胡麻以及麻子的相关内容进行了阐述。该书阐述了"新添栽木棉法"的内容，是我国最早的有关棉花的专著，在宋元时期，缂丝工具的制造已经达到了相当高的水平。

10. 《农书》

《农书》，又称《王祯农书》，是我国元代记载农业生产技术的著作。据记载，在我国古代，农书共有500余种，其中有300多种流传至今，尤为著名的便是"五大农书"，即《齐民要术》《农桑辑要》《王祯农书》《农政全书》《授时通考》五部著作。《农书》于元代皇庆二年成书，在明初被编入《永乐大典》，著者王祯，曾任旌德（现安徽省）、永丰（现江西省）的县尹。本书与纺织相关的内容包括蚕缫、纺纱、矿絮和苎麻等，如实反映了我国元代纺织技术的发展状况。

11. 《多能鄙事·服饰》

《多能鄙事》，为明代著作，著者为刘基。全书共分为10卷，包括10个方面的内容。其中，《多能鄙事·服饰》为第4卷，其主要内容涉及纺织产品的加工和整理，是在对当时浙江地区民间的炼染工艺进行收集整理的基础上汇编完成的。《多能鄙事·服饰》包括染色法、洗练法两部分内容，为人们研究古代乃至现代的练染工艺提供了重要的参考依据。

12. 《农政全书·木棉》

《农政全书》，是我国明代关于农副业科学技术的著作，著者为徐光启，因徐光启直到去世仍未完成该著作，后来又由陈子龙等人在原来的基础上进行整理完善，分为60卷，于崇祯十二年出版发行。本书对于纺织生产技术的记载有很多内容，一是"蚕事图谱"；二是"桑事图谱"；三是在"蚕桑广类"中专门列出"木棉篇"，并分别指出棉花增产、减产的原因；四是对中西方棉花进行对比，同时提出引进棉花新品种的论断；五是介绍了肃宁湿气纺织，分析了温度、湿度等对于纺织生产和工艺的影响，是我国古代最早有关纺织生产过程空气调节的记载。

13. 《豳风广义》

《豳风广义》，于乾隆七年出版发行。该书是一部有关农副业生产技术的著作，其主要内容是蚕桑丝绸，著者为杨屾，清代杰出的农学家。全书以植桑、养蚕、织帛为主要内容，附有50余幅图片加以说明，共分为3卷内容，分别是

"桑的种植和栽培""蚕的饲养和缫丝"和"织经和纺丝棉",在第3卷的最后附有柞蚕养殖以及柞蚕茧缫纺的方法,在本书的最后还附有"畜牧大略""养素园序"等相关内容。《豳风广义》很好地保存了我国清代有关纺织原料生产技术的相关文献资料。

14.《棉花图》

《棉花图》,成书于清乾隆三十年,因书中的每幅图都配有乾隆帝的题诗,故又称《御题棉花图》。该书为清代关于棉花种植及加工技术的著作,著者为方观承,曾经担任直隶总督。全书以图为主,共绘制从棉花种植到纺纱、织布,再到缝纫等全流程工序的16幅图片,每一幅图都配有简明扼要的说明和乾隆帝题写的诗句,生动描绘了当时棉花种植及加工技术的状况。书中的部分内容对于人们研究中国的植棉业的发展以及棉纺织手工业的发展具有非常重要的参考价值,如"拣晒图""轧核图""纺线图"和"收贩图"等。到了20世纪30年代,《棉花图》日文版出版发行。

(二) 纺织文献的特点

1. 数量庞大,增长迅速

纺织文献历史悠久,源远流长。自古以来,纺织相关的文献多数会有文字记载,如中国首部古代丝织物研究书籍《释缯》、乾隆皇帝亲自题诗的《御题棉花图》等。第一次"产业革命"也是以纺织工业的技术革命为开端发起的。

目前,人类正处于科学技术飞速发展和信息化建设日趋完善的时代,在世界范围,纺织新原料、纺织新工艺、纺织新产品、纺织新设备,以及新的研究成果和发明创造等不断出现,纺织类文献像雨后春笋般迅速发展,出版的图书、期刊,公开发表的学术论文、专利文献、技术标准、研究报告、会议录等,数量庞大、发展迅速。

2. 相互交叉,融合渗透

现代科学技术的发展,进一步促进了不同学科之间的交叉,加速了知识的融合,当然,纺织科学技术也不例外。历经几个世纪的发展,基础科学、社会科学、自然科学等领域的发展进步已经和纺织科学技术密切相关、紧密融合,而且广泛应用到纺织科学技术中,在很大程度上促进了纺织技术的迅速发展。

在某种程度上,学科专业的交叉、融合渗透也会通过相关文献资料的公布或发表来呈现。据统计,对于专业文献而言,在专业杂志上公开发表的比例和在其他杂志上发表的比例不相上下,都是在1/2左右;而对于专题文献,在专

3. 出处分散，引用重复

随着纺织科学技术的发展，纺织产品的用途也越来越广泛，可以应用到：①生命科学领域，如人造肾脏、人造血管等；②医疗卫生领域，如医用缝合线等；③航空航天领域，如降落伞、宇航服等；④军事领域，如防弹衣等；⑤公共安全领域，如消防服等；⑥建筑领域，如路基布、人造草坪等；⑦其他领域。在纺织品应用到的各个领域，纺织文献也会以不同的形式加以记载，如图书、论文、报告等。

对于内容相同的文献，可以通过不同的载体和媒介，在不同的刊物发表或者被不同的数据库所收录，这也就造成了内容的重复。

4. 发展迅猛，失效加速

随着现代科学技术的高速发展，每时每刻都会有新的成果出现。伴随着新旧观点、新旧工艺、新旧设备以及新旧产品的不断更迭，包括纺织文献在内的各类文献内容也会不断更新。当然，科学技术进步越快，各类成果及其文献更新越快，旧文献失效也越快。

三、纺织经典人物和经典文献

经典，通常是指具有权威性和典范性的作品。截至目前，该作品最能体现本行业的精髓，最具有代表性。

纺织经典人物主要介绍中国工程院院士纺织工程类研究专家，纺织经典文献主要介绍最近评选出的普通高等教育国家级规划教材以及具有代表性的国内外纺织类期刊。

（一）纺织领域经典人物

1. 经典人物概述

中国工程院（Chinese Academy of Engineering），于1994年6月成立。中国工程院是在中国工程技术界中具有最高荣誉性和咨询性的学术机构。

中国工程院设有6个专门委员会和9个学部，截至2025年2月，中国工程院共有院士948人（含资深院士408人），除此之外，中国工程院还有外籍院士124人，已故院士349人，已故外籍院士22人。详情如下：

表1-3 中国工程院专门委员会设置情况一览表

序号	专门委员会名称	备注
1	院士增选政策委员会	—
2	科学道德建设委员会	—
3	咨询工作委员会	—
4	科技合作委员会	—
5	学术与出版委员会	—
6	教育委员会	—
共计	6个专门委员会	—

表1-4 中国工程院学部设置情况一览表

序号	学部名称	院士人数	其中资深院士人数
1	机械与运载工程学部	135	68
2	信息与电子工程学部	148	70
3	化工、冶金与材料工程学部	118	50
4	能源与矿业工程学部	133	62
5	土木、水利与建筑工程学部	109	44
6	环境与轻纺工程学部	74	24
7	农业学部	91	30
8	医药卫生学部	134	54
9	工程管理学部	77	27
共计	9个学部	948	408

说明：工程管理学部77名院士中有71人为跨学部院士，27名资深院士中有21人为跨学部资深院士。

2. 纺织领域经典人物

中国工程院环境与轻纺工程学部中，从事纺织相关领域研究的院士有9人，其中纺织科学与工程专家3人、纺织工程专家1人、纺织机械专家1人、纺织材料专家1人、产业用纺织材料和复合材料专家1人、纺织化学与染整工程专家1人、化学纤维工程技术专家1人。9位院士中有3人已去世（季国标、梅自强、姚穆)。具体情况如表1-5所示：

表1-5 纺织类研究领域中国工程院院士一览表

序号	姓名	研究领域	当选院士时间（截至2025年2月）
1	季国标	化学纤维工程技术	1994年
2	梅自强	纺织工程	1995年
3	周翔	纺织化学与染整工程	1995年
4	孙晋良	产业用纺织材料、复合材料	1997年
5	姚穆	纺织材料	2001年
6	俞建勇	纺织科学与工程	2013年
7	陈文兴	纺织科学与工程	2019年
8	徐卫林	纺织科学与工程	2021年
9	孙以泽	纺织机械	2023年

(1) 季国标（1932—2019）

化学纤维工程技术专家，中国工程院的首批院士，于1994年当选。季国标是中国化纤工程技术的主要奠基者、开拓者和技术带头人。季国标开创了中国国际化纤会议，并主持了自1985年以来的五届会议；1993年，联合国工业发展组织授予季国标高级化纤专家资格；2004年，季国标荣获"第五届光华工程科技奖"，同年，季国标被推选为第83届世界纺织科技大会主席。曾任纺织工业部化纤局局长、纺织工业部副部长、中国纺织工程学会理事长、全国政协科教文卫体委员会副主任、国务院国有资产监督管理委员会副部长级专家等职务。

在20世纪50—70年代，季国标先后参与主持了保定化纤厂建设、南京化纤厂建设以及兰州化纤厂建设等技术工作，制定了"八五"和"九五"化纤发展总体方案，并以此为基础制定了1990—2000年化纤发展规划。

2002年，季国标出版了国家重点图书《黄道婆走进现代纺织大观园——纺织新技术、新工艺和新设备》，对化学纤维的纺丝新方法和新工艺进行了介绍，同时还阐述了纺纱、织机、针织、染整等方面的内容。

季国标与国际化纤界有着非常广泛的交流，曾在美国、德国、英国、瑞士和日本等国家的化纤权威刊物上发表论文几十篇。

季国标对中国化纤工业的发展做出了巨大贡献,在国际化纤界享有极高的声誉。

(2) 梅自强(1929—2010)

纺织工程专家,中国高产梳棉理论和实践的学科带头人和创始人,于1995年当选为中国工程院院士。梅自强曾任纺织工业部生产司工程师、副处长,纺织科学研究院副院长、院长,纺织工业部、中国纺织总会、国家纺织工业局科学技术委员会常务副主任,中国纺织工程学会副理事长、名誉副理事长、学术委员会主任等职务。

在20世纪50—60年代,梅自强与其他单位合作,成功研制了新型梳棉机四种,其中国产A186型梳棉机在当时已经达到了国际先进水平;在20世纪60—70年代,梅自强在国产第二代棉纺新设备的推广应用方面付出了大量的心血和劳动;在20世纪80年代,由梅自强牵头,条干均匀度仪研制成功。

梅自强注重科学研究,一是担任《中国科学技术专家传略·工程技术编·纺织卷1》的编委会主任。《中国科学技术专家传略》共分为4编,包括工学、农学、医学和理学。其中工学编分为12卷,农学编分为7卷,医学编分为5卷,理学编分为5卷。二是担任《纺织辞典》编委会主任,本辞典共收录纺织相关专业词目一万余条。三是担任《中国大百科全书》(第二版)纺织学科主编,纺织卷总字数约13.7万余字,第二版纺织卷更加注重纺织科学技术的发展,同时对新工艺、信息技术的融入有所侧重,同时配有115幅插图,产业用纺织品的应用更是得到了迅猛发展。四是担任《中国现代纺织科学与工程全书》编委会主任。

除此之外,梅自强还结合工作实际,发表论文几十篇,如《WTO与中国棉纺织工业结构调整》《抓住机遇调整结构振兴纺织工业》等。他还出版、翻译了著作10余部:出版著作如《常用纺织品手册》《牛仔布和牛仔服装实用手册》《纺织工业中的表面活性剂》《牛仔布和牛仔服装实用手册》《苏联高产量梳棉机》等;翻译著作如《棉与化纤纺纱工程》《棉纺生产中细纱特性的设计》等。

梅自强长期致力于高产梳棉机的研究工作,在我国纺织科技的现代化发展进程中起到了至关重要的作用。

(3) 周翔(1934—)

纺织化学与染整工程专家,1995年当选为中国工程院院士,现为资深院士。周翔主持并完成了科研项目30余项,荣获5项省部级及以上科技进步奖,发表110余篇国内外学术论文，获批3项国家发明专利。

1986年，周翔主持了"超低甲醛DP功能整理"项目，该项目是纺织部的重大科研项目，其成果已经达到甚至超过国际先进水平，为国内首创。该项目成果在1992年荣获国家科技进步二等奖，在1991年荣获纺织部科技进步二等奖。

1989年，周翔创办科技企业新力公司。依托公司，她继续进行科研成果的第二次开发，直到成为商品进入市场推广应用环节，同时，在此基础上研制其他相关的新产品。周翔创办的公司被认定为"上海市高新技术企业"，并且获评"上海市先进技术企业"。

在科研成果向生产力转化方面，周翔取得了显著成绩。研制成功的棉耐久阻燃剂、涤纶阻燃剂等，都在她自己创办的企业中得到进一步的商品化，为中国阻燃纺织品的发展做出了巨大贡献。

(4) 孙晋良（1946—）

产业用纺织材料、复合材料专家，1997年当选为中国工程院院士。

孙晋良任上海市纺织科学研究院副院长，上海大学复合材料研究中心主任、纳米科学与技术研究中心主任，上海市科学技术协会副主席，金属基复合材料国家重点实验室（上海交通大学）第四届实验室学术委员会副主任。

在特种纤维以及特种纺织材料等领域，孙晋良均开展了大量的研发工作。孙晋良主持的碳/碳复合材料领域的研究成果处于国际先进水平，2000年，"固体火箭发动机喷管碳-碳喉衬材料"获得国家级新产品证书。"聚丙烯腈预氧化纤维针刺整体毡及针刺机"项目获国家技术发明奖三等奖，"Φ700毫米碳基碳/碳喉衬材料及工艺""针刺碳毡碳/碳复合端头体、喉衬材料及工艺""化学气相渗（CVI）工艺及制备材料""碳/碳复合材料工艺技术装备及应用"4个项目均获国家科学技术进步二等奖，"大型固体发动机喷管碳/碳喉衬基材-聚丙烯腈预氧化纤维整体毡"项目获中国航天工业总公司科技进步一等奖，"新型空间轨控发动机关键技术研究"项目获省部级一等奖，"固体火箭发动机喷管碳/碳喉衬"项目获省部级一等奖，"碳/碳复合材料工艺技术装备及应用"项目获中国纺织工业协会科学技术进步一等奖。研制成功的各类碳/碳复合材料已广泛应用于多种固体火箭发动机喷管系统及防热系统，在长二丙改进型运载火箭发射铱星中，在亚星二号、艾克斯达一号卫星发射中用于近地点发动机，均取得成功。

因特殊的贡献，孙晋良获得多种荣誉称号。1986年获"献身国防科技事业"荣誉章；2008年获第七届光华工程科技奖；2011年，被评为第七届中国炭素杰出成就奖；2018年获评改革开放四十年纺织行业突出贡献人物等。

(5) 姚穆（1930—2025）

纺织材料专家，中国工程院资深院士，于2001年当选。姚穆是西安工程大学的终身名誉校长，致力于人体着装舒适性研究，为其创始人之一。

2009年4月11日，在西安工程大学成立姚穆院士奖学基金及其委员会，该奖学金专门用于奖励那些热爱祖国，并立志献身于纺织事业品学兼优的研究生。

姚穆出版著作和译著20余部，译著如《棉纺学·第一分册清棉工程》《棉纺学·第二分册梳棉工程》《棉纺学·第三分册精梳工程》等；出版的著作如《毛纤维材料学》《纺织材料学》等；担任《毛绒纤维标准与检验》主编，《中国大百科全书·纺织卷》天然纤维分支副主编，《纺织辞典》副主编等。他出版的教材《纺织材料学》被评为"十一五""十二五"普通高等教育国家级规划教材。

此外，姚穆还发表《蛋白质纤维的导热性及其方向性差异》《机织物热湿舒适性能与其结构参数关系的探讨》等学术论文100余篇。

(6) 俞建勇（1964—）

纺织科学与工程专家，2013年当选为中国工程院院士。俞建勇现任东华大学校长，担任中国复合材料学会副理事长、国家新材料产业发展专家咨询委员会副主任、上海市复合材料学会理事长等职务。

俞建勇先后获得国家级、省部级科技奖励14项，其中，他主持的项目"竹浆纤维及其制品加工关键技术和产业化应用"和"黄麻纤维精细化与纺织染整关键技术及产业化"，分别荣获国家科学技术进步二等奖和国家技术发明二等奖。除此之外，俞建勇还获得中国纺织工业协会科技进步奖、教育部科技进步奖等多项奖项。

俞建勇出版著作多部，如《高性能纤维制品成形技术》《集聚纺纱原理》《静电纺丝与纳米纤维》《中国纺织产业科技创新发展研究2016—2030》《功能静电纺纤维材料》等。其中，著作《高性能纤维制品成形技术》为国家出版基金项目，同时也是"十二五"国家重点出版规划项目。

俞建勇发表学术论文400余篇，授权国家发明专利100余项，于2018年获评改革开放四十年纺织行业突出贡献人物。

(7) 陈文兴（1964—）

纺织科学与工程专家，于 2019 年当选为中国工程院院士。

陈文兴现任浙江理工大学校长，2018 年 11 月，获得何梁何利基金科学与技术奖"产业创新奖"。

陈文兴承担 30 余项包括国家自然科学基金在内的省部级及以上科研项目，主持"高性能聚酯与聚酰胺 66 工业丝制备技术"国家重点研发计划项目，发表 80 余篇学术论文（被 SCI、EI 收录 25 篇），授权 3 项国家发明专利，获国家科技进步二等奖 1 项。

(8) 徐卫林（1969—）

纺织科学与工程专家，于 2021 年当选为中国工程院院士。现任武汉纺织大学校长，中国纺织工程学会第 26 届理事会副理事长、湖北省纺织工程学会第六届理事会理事长、湖北省纤维检验局技术委员会主任等。徐卫林是国家"万人计划"专家、国家杰出青年科学基金获得者、首批"新世纪百千万人才工程"国家级人选。

徐卫林主持、参与 30 余项国家重点研发计划、国家科技支撑计划等。他主持的"高效短流程嵌入式复合纺纱技术"项目和"优质天然高分子材料的超细粉体化及其再利用"项目，分别获得国家科技进步一等奖和国家技术发明二等奖。他先后获得"中国纺织创新年度人物""中国纺织学术大奖""何梁何利基金科学与技术创新奖"和"美国纤维协会杰出成就奖"，同时还获得多项省部级科技成果奖等。在国内外发表 SCI 论文 150 余篇，已授权中国发明专利及美国发明专利 70 余项。

徐卫林一直致力于对纺织科技创新和产业化技术的研究，其在纺织材料研究领域的成就，已达到国际前沿水平。

(9) 孙以泽（1958—）

纺织机械专家，于 2023 年当选为中国工程院院士。现为东华大学教授、博士生导师，享受国务院特殊津贴专家。其团队被评为全国高校黄大年式教师团队，并担任教育部优秀创新团队的带头人，同时他也是中国纺织学术界的领军人物。

孙以泽教授获国家科技进步二等奖 2 次，省部级科技成果奖 14 次，拥有 80 余项授权发明专利，发表了 170 余篇学术论文，并成功主持了 21 项国家和省部级项目。在 2022 年北京冬奥会期间，他的团队研发了用于火炬"飞扬"外壳的碳纤维复合材料预制体三维编织技术及装备，为火炬的制造提供了关键技术支持，对中国纺织科技的进步做出了显著贡献。此外，他的团队在特种编织物自动化成型技术、深海观测数据传输技术等领域也取得了重大突破，为"蛟龙号"深潜试验提供了重要的技术支持。

(二) 纺织工程类经典教材

1. 经典教材概述

经典教材，是指与经济社会发展相适应，随着学科专业的发展和教育教学的改革不断完善的优秀教材，能体现新技术、新成果，能传授新知识，能满足多样化人才培养的需求。

国家级规划教材，在全国范围内代表着教材编写的最高水平，"十二五"普通高等教育本科国家级规划教材共评审出2790种，其中由中国纺织出版社出版的教材包括三大类26种，其中，12种纺织工程类教材、4种轻化工程类教材、10种服装设计与工程类教材。

本部分内容重点介绍纺织工程类"十二五"普通高等教育本科国家级规划教材。

表1-6 "十二五"普通高等教育本科国家级规划教材书目（中国纺织出版社出版）

序号	书　名	主要作者	首位作者单位	备注
1	《纺织材料学》（第4版）	姚穆	西安工程大学	纺织工程类
2	《纺纱学》（第2版）	郁崇文	东华大学	纺织工程类
3	《针织学》（第2版）	龙海如	东华大学	纺织工程类
4	《机织学》（第2版）	朱苏康、高卫东	东华大学	纺织工程类
5	《机织实验教程》（第2版）	朱苏康	东华大学	纺织工程类
6	《针织物组织与产品设计》（第3版）	宋广礼、蒋高明	天津工业大学	纺织工程类
7	《织物结构与设计》（第5版）	蔡陛霞、荆妙蕾	天津工业大学	纺织工程类
8	《纺纱工程（上册）》（第2版）	谢春萍、王建坤、徐伯俊	江南大学	纺织工程类

续表

序号	书　名	主要作者	首位作者单位	备注
9	《纺纱工程（下册）》（第2版）	谢春萍、吴敏、王建坤	江南大学	纺织工程类
10	《纺织机电一体化》	马崇启	天津工业大学	纺织工程类
11	《非织造材料与工程学》	郭秉臣	天津工业大学	纺织工程类
12	《针织学》	蒋高明	江南大学	纺织工程类

2. 纺织工程类经典教材

随着纺织原料、产品和工艺的不断创新与变革，为更好地适应纺织学科专业设置的现状，进一步培养创新型复合型的高素质工程技术人才，有12种纺织工程类教材被选定列入"十二五"普通高等教育本科国家级规划教材。

（1）《纺织材料学》（第4版）

纺织材料学课程是纺织工程类专业的专业基础课程。《纺织材料学》（第4版）由姚穆主编，该教材入选"十二五"普通高等教育本科国家级规划教材、教育部普通高等教育精品教材。

该教材共包括十五章内容。主要介绍了纺织材料的分类、结构以及性能，同时分析了主要指标、测试方法及其影响因素。具体内容如下：

①第一章至第六章，主要介绍了纤维的分类、结构与形态，同时对典型的植物纤维（种子纤维、叶纤维），动物纤维（毛纤维、蚕丝、蜘蛛丝），化学纤维以及无机纤维等内容进行了阐述。

②第七章至第八章，主要介绍了纱线的分类、结构以及细度、均匀度、加捻等性能指标。

③第九章，主要介绍了织物的组成、分类以及结构，阐述了机织、针织、非织造等织物的组织结构，同时介绍了织物的幅宽、厚度、密度、未充满系数、平整度等参数指标。

④第十章至第十三章，对纺织材料的力学性能（拉伸、压缩、弯曲、剪切、摩擦、力学疲劳等），热学性能（导热、阻燃等），电学及磁学性能和光学性能进行了阐述。

⑤第十四章，对纺织品的外观、手感和卫生安全等服用性能进行了阐述。

⑥第十五章，介绍了纺织材料的标准及其管理。

《纺织材料学》（第 4 版）是在《纺织材料学》（第 3 版）的基础上，为适应"大纺织"专业设置的要求，进一步修订完善形成的。《纺织材料学》（第 3 版）由姚穆主编，为普通高等教育"十一五"国家级规划教材。

（2）《纺纱学》（第 2 版）

纺纱学课程是纺织工程类专业的专业核心课程之一。《纺纱学》（第 2 版）由郁崇文主编，该教材为"十二五"普通高等教育本科国家级规划教材、教育部普通高等教育精品教材。

本书共分为十二章内容。全书按照纺纱加工流程顺序编排。

①第一章为绪论，阐述了纺纱的基本原理以及纺纱过程，对棉纺、毛纺、麻纺、绢纺的纺纱系统进行介绍。

②第二章至第九章，重点介绍了棉纺系统。

③第十章至第十三章，将毛纺、麻纺、绢纺单独成章，分别按照其加工顺序进行编排。其中第十章毛纺，按照羊毛初加工、梳理前准备、梳毛、毛纺精梳、毛纺针梳、毛型粗纱、毛纺细纱、毛纺后加工等工艺流程进行编写。第十一章麻纺，则分为苎麻纺纱和亚麻纺纱，重点介绍了苎麻纺纱。第十二章绢纺，是按照绢纤维精炼、开绵与切绵、梳绵、绢纺精梳、绢丝针梳、绢纺粗纱、绢纺细纱、绢纺后加工等工艺流程进行编写。

《纺纱学》（第 2 版）是在《纺纱学》的基础上，为适应高等教育改革的需要和纺织工业的发展，进一步修订形成的。《纺纱学》由郁崇文主编，为普通高等教育"十一五"国家级规划教材。

（3）《针织学》（第 2 版）

针织学课程是纺织工程类专业的主干课程。《针织学》（2004 年 6 月出版）、《针织学》（2008 年 6 月出版）、《针织学》（第 2 版，2014 年 7 月出版），被评为普通高等教育"十五""十一五""十二五"国家级规划教材。

《针织学》（第 2 版），共有十八章内容，分为纬编和经编两篇进行阐述。

①绪论部分首先对于基本概念、发展历史以及产品种类和特点进行了介绍。

②第一篇为纬编部分，第一章至第九章，主要介绍了纬编针织物和针织机，纬编基本组织、花色组织及其编织工艺，圆纬机、圆机、横机的编织原理及成型工艺，纬编织物工艺参数计算等内容。

③第二篇为经编部分，第十章至第十八章，主要介绍了经编针织物和经编机，经编织物工艺参数计算等内容。

(4)《机织学》(第2版)

机织学是纺织工程类专业的平台课程之一。《机织学》(2004年2月出版)、《机织学》(2008年5月出版)、《机织学》(第2版,2015年1月出版),被评为普通高等教育"十五""十一五""十二五"国家级规划教材。

《机织学》(第2版),由朱苏康、高卫东主编,该教材有机融入了近年来最新的机织理论、机织工艺和应用技术,进一步调整了教材结构体系。教材内容分为准备篇、织造篇、综合篇三部分。

①准备篇,包括六章内容(第一章至第六章),主要对络筒、整经、浆纱、穿结经、定捻和卷纬、并粘等各工序的工艺和设备管理等内容进行了介绍。

②织造篇,包括六章内容(第七章至第十二章),主要介绍了开口规律和机构,各种类型引纬的原理、装置和品种适应性以及无梭引纬辅助装置,打纬机构和工艺参数,卷取和送经的形式、机构、工作原理,织机的传动系统和断头自停装置,织机上机参数、生产率、提质增效措施等内容。

③综合篇,第十三章,介绍了织坯整理方法,棉毛麻丝、合纤等不同类型织物的加工流程和工艺设备,对机织物CAD、计算机辅助工艺设计和辅助织造进行阐述,还对企业资源规划系统和电子商务等内容进行介绍。

《机织学》(第2版)和《机织实验教程》(第2版)均为"十二五"普通高等教育本科国家级规划教材,两者可以配套使用,前者侧重的是课堂理论知识讲授,后者则侧重实验和实践内容,两者既互为补充,又相对独立。

(5)《机织实验教程》(第2版)

由朱苏康主编,该教材为"十二五"普通高等教育本科国家级规划教材。该教材共有五章内容,共设计了69个实验。

第一章,基础知识,主要介绍了机织基础的实验方法、实验仪器、数据统计等内容。

第二章,主要介绍了织造设备机构、织物组织、织造工艺流程的26个认识性实验。其中,织造设备机构设计了17个实验,织物组织设计了6个实验,织造工艺流程设计了3个实验。

第三章,工艺分析研究性实验,共设计了16个实验内容。其中,络并捻工序3个实验,整经工序2个实验,浆纱工序3个实验,织造工序8个实验。

第四章,质量分析研究性实验,主要介绍了棉麻织、毛织、丝织的半成品和成品的检验及分析,共设计了24个实验内容。其中,棉麻织9个实验,毛织

7个实验，丝织8个实验。

第五章，综合性、设计性实验，主要介绍了织物来样分析、前织准备加工和小样试织3个实验内容。

（6）《针织物组织与产品设计》（第3版）

由宋广礼、杨昆主编，为"十二五"普通高等教育本科国家级规划教材。该教材共包括十六章内容。分为上篇和下篇两部分内容。

上篇，纬编，包括九章内容（第一章至第九章），介绍了纬编针织物的设计以及织物的表示方法，对圆机、横机、袜机的产品设计进行了阐述。

下篇，经编，包括七章内容（第十章至第十六章），介绍了经编针织物的设计和表示方法、单面少梳栉经编组织和产品设计方法，对贾卡经编产品、多梳栉经编花边产品、双针床经编产品、取向经编产品等的设计进行了阐述，介绍了经编织物的设计和工艺计算等。

《针织物组织与产品设计》（第3版）是在《针织物组织与产品设计》（第2版）的基础上，为进一步适应针织工业的发展，针织新技术、新工艺的不断出现以及新产品的呈现，修订完善形成的。《针织物组织与产品设计》（第2版），由宋广礼、蒋高明主编，为普通高等教育"十一五"国家级规划教材（本科）。

（7）《织物结构与设计》（第5版）

织物结构与设计课程是纺织工程专业的专业基础必修课。《织物结构与设计》（第5版）由荆妙蕾主编，为"十二五"普通高等教育本科国家级规划教材、教育部普通高等教育精品教材。

该教材更好地适应了学科专业结构的调整以及社会的需求，将最新的国内外研究成果纳入教材体系，共分为六章内容。

第一章，对织物组织、织物上机图进行了介绍，详细介绍了织物分析的过程。

第二章，介绍了织物组织及其分析应用等内容。

第三章，介绍了提花机的装造以及纹织物的设计方法和实例。

第四章，对于织物的几何结构，织物的紧度、织缩率等与其几何结构的关系等内容进行了介绍。

第五章，介绍了服用织物设计的原则、内容和形式，同时对棉、毛、麻、丝和新型化纤等织物的特性、工艺参数、工艺设计和实例进行了阐述。

第六章，介绍了小提花织物和纹织物计算机辅助设计系统以及设计实例。

《织物结构与设计》(第5版)是在《织物结构与设计》(第4版)的基础上修订完善形成的,对服用纺织品的设计内容进行了更新,增加了产业用织物的多层复杂组织结构、新型的服用面料组织结构以及机织物计算机辅助设计的相关内容。《织物结构与设计》(第4版),由蔡陛霞主编,为普通高等教育"十一五"国家级规划教材、国家精品教材。

(8)《纺纱工程(上册)》(第2版)

由谢春萍、王建坤、徐伯俊主编,为"十二五"普通高等教育本科国家级规划教材。按照各工序的先后顺序进行编排,主要包括十章内容。

对于纺纱的基本原理、新型国产棉纺设备、国外纺纱新技术等内容进行了介绍和分析,同时对于典型国产设备的工艺计算和工艺调节等内容进行了阐述。实验内容主要包括各工序所使用设备的构造、原理、传动系统以及工艺参数调整等。

(9)《纺纱工程(下册)》(第2版)

由谢春萍、吴敏、王建坤主编,为"十二五"普通高等教育本科国家级规划教材。

主要包括四章内容,分别是纱线质量控制、纺纱工艺设计、纱线产品开发、上机试纺实验等。对于纱线生产过程中的质量控制、工艺设计、典型产品设计实例以及纱线开发等内容进行了详尽的介绍和分析。实验内容主要包括相关产品的工艺设计,工艺参数的变换、上机实施,半成品质量分析,纱线的质量评定等。

(10)《纺织机电一体化》(第2版)

纺织机电一体化课程是纺织工程类专业的平台课程。《纺织机电一体化》(第2版)由吕汉明主编,为"十二五"普通高等教育本科国家级规划教材。

该教材增加了与工业4.0相适应的基础应用相关内容,充实了通信实例,更加有利于对应用型、复合型人才的培养。共包括两篇十五章内容。

第一篇:机电一体化技术基础,包括五章内容(第一章至第五章)。重点介绍了纺织行业中常用的机电一体化基础知识。介绍了嵌入式计算机系统、可编程控制器、工业控制计算机、多机通信及实例等内容,阐述了计算机接口技术、控制系统的数据处理技术以及伺服驱动技术等。

第二篇:纺织机械机电一体化,包括十章内容(第六章至第十五章)。详尽地阐述了机电一体化技术的应用情况。

《纺织机电一体化》（第2版）是在《纺织机电一体化》的基础上修订完成的。《纺织机电一体化》由马崇启主编，为普通高等教育"十一五"国家级规划教材。

（11）《非织造材料与工程学》

由郭秉臣主编，为普通高等教育"十二五"国家级规划教材。

（12）《针织学》

由蒋高明主编，为"十二五"普通高等教育本科国家级规划教材。该教材对针织相关的基本概念、准备工序、针织机的结构以及工作原理等内容进行了介绍，同时对于针织物的组织结构、编织工艺以及工艺计算等内容进行了阐述。

（三）纺织类经典期刊

本部分主要介绍13种国内外期刊，其中，10种入选SCIE核心和AHCI核心的外文期刊（美国5种，英国2种，韩国、波兰、印度各1种），2种入选中国科技期刊卓越行动计划的国内期刊，1种国内发行的外文期刊。

表1-7 部分国内外纺织类期刊一览表

序号	刊物类别	刊物名称	刊物译名	出版地	刊期/年
1	AHCI	Textile-Cloth and Culture	《纺织品》	美国	3期
2	AHCI	Textile History	《纺织史》	英国	2期
3	SCIE	Textile Research Journal	《纺织研究杂志》	美国	24期
4	SSCI	Clothing and Textiles Re-search Journal	《服装与纺织品研究杂志》	美国	4期
5	SCIE	Fashion and Textiles	《时装与纺织品》	韩国	1卷
6	SCIE	Fibres & Textiles in Eastern Europe	《东欧纤维与纺织品》	波兰	6期
7	SCIE	Indian Journal of Fibre & Textile Research	《印度纤维与纺织研究杂志》	印度	4期
8	SCIE	Journal of Industrial Textiles	《工业纺织杂志》	美国	10期
9	SCIE	Journal of The Textile Institute	《纺织学会杂志》	英国	12期

续表

序号	刊物类别	刊物名称	刊物译名	出版地	刊期/年
10	SCIE	*International Journal of Clothing Science and Technology*	《纺织科学与技术国际期刊》	美国	6期
11	—	*China Textile*	《中国纺织》（英文版）	中国	12期
12	中国科技期刊卓越行动计划入选期刊	《纺织学报》	*Journal of Textile Research*	中国	12期
13	中国科技期刊卓越行动计划入选期刊	《棉纺织技术》	*Cotton Textile Technology*	中国	12期

1. *Textile-Cloth and Culture*

该期刊的中文译名为《纺织品》，类别为 AHCI 核心（2023 版），属外文期刊，出版地在美国。该期刊的国际标准刊号为 ISSN 1475-9756/EISSN 1751-8350，出版周期为每年出版 3 期。

2. *Textile History*

该期刊的中文译名为《纺织史》，类别为 AHCI 核心（2023 版），属外文期刊，出版地在英国。该期刊的国际标准刊号为 ISSN 0040-4969/EISSN 1743-2952，出版周期为半年刊，在每年的春季、秋季各出版 1 期。

3. *Textile Research Journal*

该期刊简称为 TEXT RES J，中文译名为《纺织研究杂志》，类别为 SCIE 核心（2022 版），被超星和知网收录，属外文期刊，出版地在美国。主要研究方向为材料科学和纺织品，所属分区为 2 区。该期刊的国际标准刊号为 ISSN 0040-5175/EISSN 1746-7748，出版周期为半月刊，每年出版 24 期。

《纺织研究杂志》，致力于纤维、纱线和纺织品相关的原材料、工艺以及应用等方面的基础研究、理论研究以及成果应用等方面的研究。

4. *Clothing and Textiles Research Journal*

该期刊简称为 CLOTH TEXT RES J，中文译名为《服装与纺织品研究杂志》，类别为 SSCI 核心（2023 版），属外文期刊，出版地在美国。该期刊的国际标准刊号为 ISSN 0887-302X/EISSN 1940-2473，出版周期为季刊，于每个季度的首月出版发行。

5. Fashion and Textiles

该期刊简称为 FASH TEXT，中文译名为《时装与纺织品》，类别为 SCIE 核心（2022 版），被知网收录，属外文期刊，出版地在韩国。该期刊的主要研究方向为材料科学和纺织品，所属分区为 3 区。该期刊的国际标准刊号为 ISSN 2198-0802，出版周期为每年出版 1 卷。

6. Fibres & Textiles in Eastern Europe

该期刊简称为 FIBRES TEXT EAST EUR，中文译名为《东欧纤维与纺织品》，类别为 SCIE 核心（2022 版），属外文期刊，出版地在波兰。该期刊的主要研究方向为材料科学和纺织品，所属分区为 4 区。该期刊的国际标准刊号为 ISSN 1230-3666/EISSN 1230-3666，出版周期为双月刊，每年出版 6 期。

《东欧纤维与纺织品》，致力于纤维级聚合物和生物聚合物、纤维和纺织品的研究，以及全球纺织工业常见经济问题的研究。

7. Indian Journal of Fibre & Textile Research

该期刊简称为 INDIAN J FIBRE TEXT，中文译名为《印度纤维与纺织研究杂志》，类别为 SCIE 核心（2022 版），被超星收录，属外文期刊，出版地在印度。该期刊的主要研究方向为材料科学和纺织品，所属分区为 4 区。该期刊的国际标准刊号为 ISSN 0971-0426/EISSN 0975-1025，出版周期为季刊，每年出版 4 期。

《印度纤维与纺织研究杂志》，于 1976 年创刊，主要从事纺织科学技术及其相关领域的基础研究和应用研究，内容主要包括纤维、纱线、织物的生产和性能研究，复合材料，服装工艺，分析、测试和质量控制，纳米技术在纺织领域中的应用等。

自 2023 年 1 月起，《印度纤维与纺织研究杂志》的印刷版不再发行，其所有期刊均以数字形式免费为用户提供，读者可以登录网站 http：//op.niscpr.res.in 和 http：//nopr.niscpr.res.in 浏览。

8. Journal of Industrial Textiles

该期刊简称为 J IND TEXT，中文译名为《工业纺织杂志》，类别为 SCIE 核心（2022 版），被超星和知网收录，属外文期刊，出版地在美国。主要研究方向为材料科学和纺织品，所属分区为 3 区。该期刊的国际标准刊号为 ISSN 1528-0837/EISSN 1530-8057，出版周期为每年出版 10 期。

《工业纺织杂志》是一本专门研究纺织科学技术、纺织复合材料、涂层和层压织物以及非织造布等的杂志，同时还包括纳米纤维的加工和应用研究等内容。

9. *Journal of The Textile Institute*

该期刊简称为 J TEXT I，中文译名为《纺织学会杂志》，类别为 SCIE 核心（2022 版），被超星和知网收录，属外文期刊，出版地在英国。该期刊的主要研究方向为材料科学和纺织品，所属分区为 4 区。该期刊的国际标准刊号为 ISSN 0040-5000/EISSN 1754-2340，出版周期为月刊，每年出版 12 期。

10. *International Journal of Clothing Science and Technology*

该期刊简称为 INT J CLOTH SCI TECH，中文译名为《纺织科学与技术国际期刊》，类别为 SCIE 核心（2022 版），被超星和知网收录，属外文期刊，出版地在美国。主要研究方向为材料科学和纺织品，所属分区为 4 区。该期刊的国际标准刊号为 ISSN 0955-6222/EISSN 1758-5953，出版周期为双月刊，每年出版 6 期。

《纺织科学与技术国际期刊》，专门用于纺织科学的研究，包括纺织品、纺织工艺、纺织机械以及生产管理等方面。

11. *China Textile*

该期刊的中文译名为《中国纺织》（英文版），由中国纺织工业协会主办，出版地在北京市，其国内统一刊号、国际标准刊号分别为 CN 11-5331/F、ISSN 1673-1468，出版周期为月刊，每年出版 12 期。该期刊被维普、万方、知网和超星收录，属外文期刊。

《中国纺织》（英文版），于 2006 年创刊，由中国纺织工业协会出版发行，在国内纺织服装行业中，是唯一一本全英文纸质版产经类杂志。该杂志为国际读者提供了纺织行业的真实写照，几乎涵盖了整个中国纺织行业的所有领域，既包括了棉麻毛丝、化纤、无纺布、服装以及纺织机械等行业，又涉及新产品、新投资、行业亮点、市场趋势、部门报告、统计数据分析等，还有知识产权保护等热点问题和政策法规等。

12. 《纺织学报》（*Journal of Textile Research*）

该期刊由中国纺织工程学会主办，其国内统一刊号、国际标准刊号分别为 CN 11-5167/TS、ISSN 0253-9721，出版周期为月刊，每年出版 12 期。

《纺织学报》于 1979 年创刊，2006 年，由双月刊调整为月刊，是中国科学引文数据库（CSCD）的来源期刊。被 CA、JST、EI 和 SCOPUS 等国际数据库所收录。

《纺织学报》主要报道纺织科学技术学科的国内外最新的原创性研究成果，基础理论研究，纺织新技术研发等内容。设有多个纺织相关的栏目信息，如纺织工程、服装工程、纤维材料、管理与信息化、纺织机械与器材、染整与化学品、综合述评等。

《纺织学报》第十届编辑委员会由 85 位委员组成，其委员的研究领域广泛，研究成果丰硕，既有中国科学院和中国工程院的两院院士，还有纺织行业的资深专家以及知名教授。中国工程院环境与轻纺工程学部中，从事纺织工程研究领域的 8 名院士中，除已去世的两名外，其余 6 名院士全部担任《纺织学报》第十届编辑委员会委员，其中，周翔、孙晋良、姚穆、陈文兴 4 人为名誉主任，俞建勇为主任，徐卫林为副主任。姚穆、郁崇文、高卫东、蒋高明等国家级规划教材的多名作者，同时也担任《纺织学报》第十届编辑委员会委员。

13.《棉纺织技术》(*Cotton Textile Technology*)

该期刊由陕西省纺织科学研究所、中国纺织信息中心主办，其国内统一刊号为 CN 61-1132/TS，国际标准刊号为 ISSN 1001-7415，出版周期为月刊，每年出版 12 期。

《棉纺织技术》，于 1973 年创刊，被《化学文摘》（美国）、《文摘杂志》（俄罗斯）和《科学文摘》（英国）、EBSCO 数据库（美国）等收录，入选中国科技期刊卓越行动计划项目。

《棉纺织技术》设有多个棉纺织相关栏目信息，如综述研究探讨、技术专论、科技进展、生产实践、测试分析、革新改造、信息视窗等。中国工程院院士姚穆任《棉纺织技术》编辑委员会的荣誉主编。

第二节　纺织文献检索系统

一、文献检索

（一）文献检索的含义

文献检索，通常指的是人们利用一定的检索工具，通过相应的检索系统，采取科学的检索方法，从诸多有序的文献信息的集合之中，检索查找出用户所需要的文献信息资料的过程。随着现代信息技术的发展，文献检索在很大程度上是通过计算机技术来进行的。

广义的文献检索包括两个过程：信息存储、信息检索。存储过程，通常指的是借助一定的检索语言，将数量庞大的无序排列的文献信息转换成有序的文献标识；检索过程，指的是对用户的检索要求进行综合分析后，转换成相应的检索词，同时，将检索词和文献标识进行比对，检索出能够满足用户需要的信息，从而获得相应的检索结果。

（二）文献检索的发展历程

文献检索大致经历了以下三个研究阶段：

第一阶段：分散研究阶段

随着社会的进步，文献信息的日益积累和不断发展，文献检索亦产生并不断完善。

《七略》，是我国最早的综合性图书分类目录，它开创了我国目录学和图书"六分法"的先河。《七略》成书于公元前六年，由西汉刘歆编纂完成，是一部从先秦到西汉的学术史。《七略》现已失传。

《汉书·艺文志》，开创了史志目录的先河，是我国现存最早的目录学专著，《汉书·艺文志》为《汉书》中的一篇，由东汉史学家班固撰写，是以《七略》为基础，并对其继承、补充和完善而形成的，该书是人们对于西汉典籍状况加以了解的重要文献资料。《汉书·艺文志》涵盖从上古到西汉时段内所有图书的完整目录，同时使图书的归类更加科学。

《七志》，是在《七略》之后出版的又一部关于图书目录分类的专著，著者为南朝齐王俭。《七志》基本继承了《七略》的目录分类方法，图谱单独列类、附录的道经和佛经都成了《七志》的特色。

《七录》，是在《七略》《七志》之后出版的图书目录分类专著，著者为南朝梁阮孝绪。《七录》是在对前期目录学成就进行总结的基础上形成的，在我国目录学历史上占有相当重要的地位。《七录》现已失传，只是在唐代释道宣著的《广弘明集》第三卷中收录了《七录》的序，此序是目录学早期研究的重要文献。与其他目录学著作不同的是，《七录》提出了更加科学的目录学分类标准和分类名称。

伴随着社会的进步，文献检索呈现出快速的发展趋势，《通志·艺文略》和

《文献通考经籍考》为代表性著作。《通志·艺文略》是《通志》其中的一篇，为宋代郑樵所撰写，共分为 8 卷。《文献通考经籍考》，为元代马端临所撰写，共 76 卷。

第二阶段：集中研究阶段

《隋书·经籍志》，是一部官修史志目录，确立了更加科学的目录四分法的重要地位，出现在《汉书·艺文志》之后，目录学四分法在此后盛行了一千多年。《隋书·经籍志》的问世，正当其时，真正起到了"存今书，考佚亡"的双重效果。

《四库全书》的总目录亦即《四库全书总目提要》，是我国最大的官修目录书籍，是由永瑢、纪昀等人编纂而成的，初稿于乾隆四十六年完成，几经修改完善，于乾隆五十五年出版发行。全书分为 200 卷，总计著录 10254 种图书，其中有 3461 种古籍被《四库全书》收录，6793 种保留书目图书未被《四库全书》收录。本书划分为四部：经、史、子、集，共包括 44 个大类、67 个子目录。《四库全书总目提要》在我国目录学历史上发挥着至关重要的作用。

随着新文化运动的发展，书目和索引编纂发展迅猛，尤其是在中华人民共和国成立后，极大地促进了我国文献检索的空前发展。自 20 世纪 50 年代后期开始，我国不但引进了一定数量的国外主要检索刊物，而且出版了数量庞大的文摘、索引、书目等检索刊物。

第三阶段：迅速发展阶段

20 世纪 60 年代，美国便将计算机技术与文献检索相结合，从此翻开了文献检索的新篇章。"医学文献分析与检索系统"是美国全域甚至是全球应用的联机检索系统，由美国国家医学图书馆进行研究开发。我国的研究自 20 世纪 80 年代才启动，20 世纪 90 年代得到了迅速发展，检索手段的现代化和信息化日趋完善，同时，文献检索设备也随之迅猛发展，文献检索由此进入了又一个新的发展阶段。

（三）文献检索工具及其分类

1. 文献检索工具，指的是用来储存、报道以及检索文献的工具。它有以下特点：具有明晰的收录范围、完备清晰的特性标识；能够详尽记载文献所具有的两大特征，即外部特征和内容特征；每一个条目必须包含许多个具有价值的文献特性标识，同时做出可用于检索的标记；待检索文献须有序排列；待检索须有索引，并且可以为用户提供多种检索路径。

2. 文献检索工具的分类

（1）根据著录格式的差异，可以分为四类。

①目录型检索工具

目录可以分为很多种类型，对于文献检索而言，馆藏目录、联合目录以及国家书目等都起着非常重要的作用。目录型检索工具的著录单元一般是一个完整的出版单位或者是完整的收藏单位，它所报道的对象，通常是整本期刊或者整本书籍的外部特性。

②题录型检索工具

题录和目录主要的不同点就在于二者所面向的是不同的著录对象。题录是以单篇文献作为著录对象，而目录则是以单位出版物作为著录对象。题录型检索工具所报道的对象，通常是图书中某个章节或者期刊中某篇文献的外部特性。

③文摘型检索工具

文摘型检索工具，通常指的是将数量庞大的比较分散的文献资料，取其精华，以简洁的语言形成摘要，同时按照一定规则进行排列而成的检索工具。

根据著者的不同，分为非著者文摘、著者文摘两种类型。其中，非著者文摘一般是由熟悉本领域知识的其他人员编写而成的，并不是由原文著者所编写的。而著者文摘则通常指的是由原文著者编写而成的。

根据摘要详略的不同，可以分为指示性文摘和报道性文摘两种类型。其中，指示性文摘的字数为 100 字左右，而报道性文摘的字数通常为 500 字左右。

文摘型检索工具的检索功能非常强大，而且还可以和不同种类的全文数据库相链接，为用户节省大量的时间。

④索引型检索工具

该检索工具，是根据用户需求，将特定范围内重要文献资料的有关条目或者知识单元等，按照一定的规则进行编排，同时注明来源而形成的检索工具。

著者索引、主题索引、关键词索引以及分类索引等都是人们最常用的索引类型。

（2）根据检索技术及手段的不同，可以分为以下三种类型。

①手工检索

手工检索，通常指的是采用手动的方式查阅所需信息的一种检索方法。该检索方法比较传统，简单易学，但是费时、费力，还易导致漏检和误检。

②机械检索

机械检索，指的是借助相应的机械设备来查找文献资料的一种检索方法。一般有穿孔卡片检索和缩微品检索两种方式。

③计算机检索

计算机检索，通常指的是通过计算机来查找和输出文献信息的检索方式。

计算机检索可分为联机检索、脱机检索、网络检索和光盘检索等方式。早在 1964 年，联机检索服务新模式就在美国国家医学图书馆开启；光盘检索又有单机检索和网络检索两种方式，第一张光盘存储器于 1983 年出现，该光盘为高密度只读形式，美国、欧洲等国家在 1984 年便开始采用 CD-ROM 来存储文献资料；网络检索可以通过 E-mail、Telnet、FTP 等方式，在互联网范围内进行信息的读取和写入。

手工检索和计算机检索相比较而言，前者的查准率比较高，而后者的查全率比较高。

(3) 根据对象的不同，可以分为以下两种类型。

①文献检索

文献检索，是首先将文献按照一定的方式存储，而后根据用户的需求，从中查找有关文献的过程。此类检索方式为相关性检索，有书目检索和全文检索两种类型。

A. 书目检索，以文献的线索为检索对象。相关的数据库有 EI、SCI、《中国专利公报》、《全国报刊索引》等。

B. 全文检索，指的是检索对象为文献的所有信息，检索系统所存储的则是整部的图书或者一整篇文章。

②数据检索

数据检索，是以事实及数据等为检索的对象。可以分为事实检索、数值检索两种类型。

(四) 文献检索的方法

文献检索的方法，通常指的是人们借助相应的检索工具，来查找所需文献资料的方法。一般有常规法、引文追溯法、循环法和浏览法四种类型。

1. 常规法

此类检索方法用户容易掌握，适应面广，检索稳定，但是受检索工具及其质量的影响较大。常规法可分为以下三种。

（1）顺查法，按照时间的先后顺序，从久远的年代向邻近的年代逐年进行查找的方法。

（2）倒查法，又称逆查法，即按照时间的先后顺序，由近及远逐年进行查找的方法。

顺查法和倒查法相比较而言，顺查法的查全率和查准率比较高，比较适合用于专题文献资料的普查；而倒查法的检索效率较高，比较适合查找最新的研究成果。

（3）抽查法

利用抽查法，检索到的文献数量比较多，检索效率相对较高。但是使用该方法的前提是用户必须对于相应的学科专业知识非常熟悉，否则会适得其反。

2. 引文追溯法

此类方法通常指的是通过已知文献后附的参考文献，来逐一查找原文，再通过该原文后面附有的参考文献逐一查找，以此类推。引文追溯法通常适用于没有合适的检索工具或者目前已知的文献线索非常少的情况，该方法比较容易出现漏检和误检的情况。

3. 循环法

又称交替法，交替或者循环使用，并且充分吸纳引文追溯法和常规法的长处，极大地提高了检索效率。

4. 浏览法

又称直接检索法，指的是用户直接在一次文献中查找所需要的文献资料的方法。此方法通常作为上述所提及的常规法、引文追溯法、循环法的有效补充，其用途主要是检索近期发表或者出版的文献资料信息。大型数据库通常都设有"分类浏览导航"检索途径。

总而言之，对于文献信息的检索，用户应该根据实际需要，结合不同检索方法的特点，进行选择，以达到事半功倍的效果。

二、文献检索系统

（一）文献检索系统的含义

文献检索系统，即有序排列的文献集合，通常指的是用于储存、报道、查找文献信息的各种类型的数据库，是人们开展相关学习、设计、研究、生产等各种活动的有效工具。

(二) 文献检索系统的功能

文献检索系统具有以下四种功能：

1. 报道功能，亦即及时揭示和报道相关文献信息的功能。

2. 存储功能，亦即根据一定的规则，对数量庞大的无序且分散的文献信息进行有序存储的功能。

3. 检索功能，为该系统最为重要的功能，通过对信息的有序存储和及时报道，从而实现快捷、高效的文献信息检索。

4. 辅助创新功能，通过为用户提供形式多样的服务内容，从而实现信息检索、信息利用、文献信息创新的服务功能。

(三) 文献检索系统的分类

1. 根据文献资源特性的不同，可以划分为以下十种类型：

(1) 图书检索系统，是专门为用户提供关于电子图书检索和利用的数据库。借助此系统，用户可以通过已知的文献线索检索到与之相关的书籍资源，如超星数字图书馆等。

(2) 期刊检索系统，该数据库专用于电子期刊及其利用情况的检索。借助此系统，用户可以通过已知的文献线索检索到与之相关的期刊资源，如中国期刊网等。

(3) 学位论文检索系统，该数据库专用于电子化的博硕士学位论文及其利用情况的检索。借助此系统，用户可以通过已知的文献线索检索到与之相关的博硕士学位论文，如中国学位论文全文数据库等。

(4) 专利文献检索系统，该数据库专用于电子化的专利文献及其利用情况的检索。借助此系统，用户可以通过已知的文献线索检索到与之相关的专利文献资源，如中国专利文献检索系统等。

(5) 会议资料检索系统，是专门为用户提供电子化的学术会议文献检索和利用的数据库。借助此系统，用户可以通过已知的文献线索检索到国内外与之相关的会议文献资源，如中国学术会议论文全文数据库等。

(6) 标准资料检索系统，是专门为用户提供电子化的标准文献检索和利用的数据库。借助此系统，用户可以通过已知的文献线索检索到国内外与之相关的标准文献资源，如中国标准数据库等。

(7) 科技报告检索系统，该数据库专用于电子化的科技报告文献及其利用情况的检索。借助此系统，用户可以通过已知的文献线索检索到与之相关的科技报告文献资源，如美国政府报告数据库等。

（8）产品资料检索系统，该数据库专用于电子化的产品资料及其利用情况的检索。借助此系统，用户可以通过已知的文献线索检索到国内外与之相关的产品资料，如化工产品数据库等。

（9）档案资料检索系统，该数据库专用于电子化的各种档案资料及其利用情况的检索。借助此系统，用户可以通过已知的文献线索检索到与之相关的档案资料，如民国时期档案目录数据库等。

（10）政府出版物检索系统，该数据库专用于电子化的政府出版物及其利用情况的检索。借助此系统，用户可以通过已知的文献线索检索到与之相关的政府出版物，如美国政府出版物数据库（GPO）等。

2. 根据文献详略的不同，可以划分为以下五种类型：

（1）书目数据库，能够全面反映某机构对于各类文献资源的收藏状况，可以方便用户及时查阅并掌握馆藏情况。

（2）文摘数据库，能够及时且简明扼要地反映某个领域较完整的最新研究成果，很大程度上扩展了用户获取文献原文的能力。如《科学文摘》《工程索引》《化学文摘》等。

（3）全文数据库，可以为用户提供图书、论文、专利等文献全文的检索系统。全文数据库节省了用户检索下载文献资料的时间，提高了检索效率。

（4）引文数据库，通过文献之间的引用情况，来深层次反映不同文献之间的内在联系。如"中国科学引文索引"和"科学索引"等。

（5）统一检索平台，数据库中涵盖图书、期刊、专利和学位论文等多种类型的文献资源，方便用户通过同一个检索平台，查找出更多符合要求的相关文献信息资源，如"万方数字资源系统"以及"读秀学术搜索"等。

（四）常用的文献检索系统

1. 书目数据库检索系统

通常指的是存储书目等二次文献资源的数据库，其数据主要来源于图书、期刊、报纸、专利、学位论文等各种类型的一次文献信息源。

该系统连续性和累积性较强，而且标准化高、开放性较好，存储的文献数据量大，但是其数据更新周期会比较长。

2. 全文数据库检索系统

通常指的是存储文献全文或者文献主要内容的数据库。利用该数据库，用户可以直接进行检索，并获取文献的全文信息。

该系统可直接检索并全文获取，其后处理加工能力较强，但是该数据库占用的存储空间较大，容易造成资源的消耗。

3. 数值数据检索系统

该系统专门为用户提供数值类的相关数据，如各种类型的统计数据库等。

数值数据库具有鲜明的学科特点，一般情况下不对外公开，不同库的使用和检索方式通常不兼容，此类数据库还能同时为用户提供数据分析运算、图形处理等其他功能。

（五）联机检索服务系统

属于多数据库检索服务系统。可分为以下三种类型：

1. 综合性联机检索系统，其联机数据库的种类繁多、题材丰富，而且在内容上能覆盖多个学科范畴，此类系统的检索功能强大，可提供多样化的服务。

2. 专业性联机检索系统，其联机数据库学科专业特色明显，检索方式和服务内容也与学科专业有着密切的关系。

3. 网络搜索引擎服务系统，包括Google等独立搜索引擎以及万纬引擎等元搜索引擎两种类型，通常指的是能够对网络信息进行收集整理，并且还能够为用户提供服务的系统。

三、纺织文献检索系统概述

本部分仅对纺织文献的两大系统（检索型系统和参考型系统）做简要介绍，后面的第三章和第四章分别对纺织文献检索型系统以及纺织文献参考型系统做详尽阐述。

（一）分类与特点

根据其功能和用途的不同，纺织文献检索系统可以划分为检索型系统和参考型系统两种类型，也就是人们通常说的检索型工具书和参考型工具书。

通常来讲，检索型系统提供的只是文献的线索，如索引、目录和文摘。而参考型系统一般不提供文献线索，其为用户提供简洁明确的知识内容，如标准、百科全书、年鉴、手册、词典等。

1. 检索型系统（检索型工具书）

又被称为文献检索工具或者二次文献，通常包含以下三种类型：

（1）目录，通常指的是为用户提供纺织类图书、期刊等文献检索信息的工具书，包含纺织类图书目录以及报刊目录等类型。

（2）索引，通常指的是为用户提供纺织类文献检索信息线索的工具书，包含书名索引、篇名索引、字词索引以及主题索引等类型。

（3）文摘，对纺织类文献信息的重要内容进行简要摘录，同时为用户提供查找线索的一类工具书，如《纺织文摘》《中国纺织文摘》等。

2. 参考型系统（参考型工具书）

可为用户提供比较具体且直接可以利用的文献信息，通常包含以下类型：

（1）标准，标准是对某种重复性事物或者有关的概念所制定的统一规定，如《中国纺织标准汇编》等。

（2）百科全书，通常以辞书的形式对条目进行编排，收录专科知识或者百科知识的大型工具书，有专科性百科全书和综合性百科全书两种，如《中国大百科全书》（纺织卷）等。

（3）年鉴，以"栏目"或者"日期"等形式，对前一年度的重要文献信息进行系统汇集收录的工具书。有综合性和专门性、全国性和地方性之分，如《中国纺织工业年鉴》、美国《世界年鉴》等。

（4）手册，通常指的是对文献资料进行汇聚，非常便于用户检索的工具书。有专业性手册和综合性手册两种，如《棉纺手册》《棉织手册》《针织手册》等。

（5）词典，有专业性词典和综合性词典两种，如《纺织辞典》《现代纺织词典》《汉英纤维及纺织词典》等。

参考型工具书除了以上类型之外，还包括类书、政书、名录、表谱、图录以及地图等。

（二）两种系统（工具书）的比较

二者既存在共性，又有着差异性，各有优缺点。

1. 共性所在

一是均为对先人所积累知识的浓缩；二是其正文以及辅助部分都是按照一定的规则编排；三是帮助用户快速、准确地查找和考证某研究领域的文献资料。

2. 差异性

表 1-8 检索型工具书和参考型工具书的比较

比较项目 工具书类型	文献类型	出版形式	正文编纂方式	检索途径	反映信息速度	检索结果
检索型工具书	二次文献	图书、期刊	分类法为主	较多	较快	文献线索
参考型工具书	三次文献	图书	字顺法为主	较少	较慢	直接结果

近些年来，工具书在收录内容以及检索功能等方面都呈现出了多元化和交叉融合的趋势，各种不同类型的工具书之间也存在着互补和融合，进一步适应人们的各种检索需求。

（三）排检方法

通常包括编排、检索两部分，不同工具书的编排方法会有所差异，也决定了用户需要采取不同的检索方式。

工具书的排检方法可分为四种类型：音序、形序、义序和时序（详见表 1-9），而外文工具书则是主要采用字顺法进行编排。

表1-9 中文工具书排检法

类目级别	类目名称														
一级类目	音序排检法		形序排检法					义序排检法						时序地序排检法	
二级类目	汉语拼音排检法	韵部排检法	部首排检法		笔画、笔顺排检法		笔形代码排检法	分类排检法		主题排检法				时序排检法	地序排检法
三级类目	—	—	旧部首法	新部首法	笔画法	笔顺法	四角号码法	学科体系分类	事物性质分类	标题词	关键词	单元词	叙词	—	—

1. 音序排检法

通常指的是以字头、条头或者词目的读音为顺序编排工具书的排检方法。音序排检法又分为以下两种类型：

（1）汉语拼音排检法

此类排检法是工具书编排采用最多的方法，根据汉语拼音字母的先后顺序进行编排：如拼音相同，则按照音调进行排序；如拼音和音调都相同，则根据汉字的笔画数由少到多排序；如拼音、音调、总笔画数都相同，则根据汉字起笔到末笔的笔形不同，则按照"横、竖、撇、点、折"的顺序排序；如拼音、音调、总笔画数、笔形都相同，则按照国家标准汉字编码值从小到大的顺序进行排列。

（2）韵部排检法

在我国古代，字书、类书、韵书等通常采用此类方法。根据韵部的顺序进行编排：如韵部相同，则按照"阴平、阳平、上声、去声"进行分类排列。

读者如果对于古韵目相关知识不太熟悉的话，可以首先查阅《辞源》和《中华大字典》等工具书，来获得某个字的韵部，然后再去查找相关工具书。

2. 形序排检法

通常指的是以字头、条头或者词目的笔画或者部首为顺序编排工具书的排检方法。通常又分为三种类型：

（1）部首排检法

由东汉时期许慎撰写的《说文解字》，开创了我国部首排检法的先河，分为以下两类。

①旧部首法

旧部首法包括《说文解字》部首排检法以及《康熙字典》部首排检法两种。

《说文解字》部首排检法，是根据篆书部首的顺序编排工具书的排检方法。《说文解字》的著者为我国东汉时期的许慎，著名的文字学家和经学家。《说文解字》共收录9353个汉字，1163个异体字，分别分布在540个部首之下，其字头为篆书字，正文为楷书字。《说文解字》到唐朝时期已失传，目前使用的大多是宋朝的版本，或者清朝时期段玉裁的注释本。

《康熙字典》部首排检法，是根据楷书部首的顺序编排工具书的排检方法。《康熙字典》是以《字汇》《正字通》为基础，修订完成的，共收录47035个单字，沿用了《字汇》（明代）的体例，以楷体为正体，划分为214个部首，如部首相同,就按照笔画数从小到大编排。采取反切注音法,将《广韵》《唐韵》以及《集韵》等书籍的反切逐一列举。其释义则是以权威书籍《尔雅》《广雅》《说文解字》《方言》以及《释名》等为依据,对于每一个义项的出处均做出标注。

②新部首法

所谓新部首通常指的是在汉字简化以后设计的部首,主要是《新华字典》部首排检法以及《辞海》部首排检法两种。

《新华字典》在1953年第一次出版发行时,并没有简化字,但是自从实施简化字以来,其部首便多次发生变化。目前正在使用的《新华字典》(第12版),其部首排检法便是根据简化字的部首顺序编排工具书的排检方法,总共包含280个部首。为了更好地方便读者翻查检索,对于同一个字,通过不同的部首均能检索到。

《辞海》于1936年首次出版发行。《辞海》(2019年版)部首排检法,包含部首250个,共收录单字1.8万余个。《辞海》部首排检法,以《简化字总表》以及《第一批异体字整理表》中的字体为标准,同时采用简化字以及繁体字的部首顺序编排工具书。部首通常来自字的"上""下""左""右""外"等位置,再者是字的中坐及左上角。

(2)笔画、笔顺排检法

此类排检法指的是根据"字头"或者"词目首字"的笔画或者笔顺编排工具书的排检方法。通常将笔画排检法和笔顺排检法结合使用。

①笔画排检法

通常指的是按照汉字的笔画顺序编排工具书的排检方法。笔画排检法通常用于部首、工具书正文以及辅助索引的编制:一是大多用于部首的编排,明代的《字汇》(梅膺祚著)开创了笔画排检法的先河,《字汇》共分为14卷,依据楷体字,在《说文解字》(许慎著)的基础上,最早将540个部首重新进行归类优化,合并成214个部首;二是用于工具书正文的编排;三是还可用于辅助索引的编制。

其编排规则是按照汉字笔画由少到多的顺序进行排列,如笔画相同,则根据笔形的顺序进行排列;如笔画、笔形均相同,则根据字形的结构顺序进行排列。

②笔顺排检法

此类排检法通常指的是根据汉字的笔顺编排工具书的排检方法,一般辅助其他方法使用。

（3）笔形代码排检法

此类排检法通常指的是根据数码顺序编排工具书的排检方法，目前最常用的是四角号码排检法。所谓四角号码排检法，指的是用0—9的10个数字分别对应代表汉字的10种笔形，同时将与每一个汉字的"左上角""右上角""左下角"和"右下角"4种笔形相对应的4个号码编排成"四角号码"，用以编排工具书的排检方法。

3. 义序排检法

该排检法分为以下两种类型。

（1）分类排检法

①按学科体系分类的分类排检法

此类排检法通常指的是将文献资料根据学科专业知识的内在联系进行分类，在每一个类目下再去编排同类的词目和条目，如专科词典以及专题索引等。

我国汉代的《七略》，是按照七部分类法进行分类的古籍；我国清代的《四库全书》是按照四部分类法进行分类的古籍；《中国大百科全书》（第一版），则是根据学科的不同进行分卷的工具书。

②按事物的性质分类的分类排检法

此类排检法通常指的是将文献资料根据事物性质的不同进行分类，再根据类目进行编排，如《中国纺织年鉴》等。

（2）主题排检法

此类排检法指的是按照文献主题的顺序编排工具书的排检方法，对于中文工具书而言，主题排检法主要用于编制主题索引及主题目录。

主题词可分为两类：一是在《汉语主题词表》等的词表中规定使用的主题词，主要适用于目录、索引和文摘类的工具书；二是尚未经过规范化的关键词等自然语言词汇。

分类排检法与主题排检法的主要区别在于：一是分类排检法强调的是"隶属性"，而主题排检法强调的则是"直指性"；二是分类排检法的类目仅仅是对于子目和文献的科学属性予以概括，本身并不能作为检索或者标引用的词汇使用，而主题词本身可以作为检索或者标引用的词汇使用，同时又可以对文献的主要内容进行揭示；三是分类排检法是层层分类，而主题排检法则往往需要与诸如音序及笔画等其他排检法结合起来使用。

4. 时序排检法和地序排检法

（1）时序排检法，通常指的是根据事物发生的先后顺序对工具书进行编排的一种方法，此类排检法主要应用于根据历史年代顺序进行编排的工具书，如年表、大事记等。

（2）地序排检法，通常指的是以事物涉及地区为顺序编排工具书的排检方法，此类排检法主要用于地图及相关文献资料工具书的编制。

（四）基本结构

纺织类工具书虽然种类多种多样，但其基本结构一般会包括以下 6 个部分。

1. 前言，通常会编排在纺织类工具书的最前面，通过阅读此部分，可以帮助读者对整本书的内容有所了解。

2. 凡例，又称为使用说明，编排在前言部分的后面，主要用于介绍纺织类词典的编排体例，熟悉此部分内容，是读者能够规范使用词典的基础和前提。

3. 目录，又称为目次，编排位置在凡例之后，通常用于展示纺织类工具书的前言、凡例、正文、附录、索引等的编排情况。

4. 正文，为纺织类工具书的主要内容，通常是根据一定的规则进行编排，是用户查找的具体对象和结果呈现。

5. 附录，为纺织类工具书的附属内容，一般是在正文后面收录的参考性或者指南性的相关资料，如机构名录、大事记等。

6. 索引，通常是用于检索纺织类图书资料的工具。纺织类工具书一般会附有多个索引，以便于用户通过不同的途径进行检索。

（五）选择与利用

为进一步提高纺织类文献检索的效率，用户要通过以下几个方面对纺织类工具书进行了解。

1. 类型

首先要了解纺织类工具书所属的大类，是属于检索型还是参考型；同时还要进一步了解是哪个大类下面具体的哪一种，如同属参考型工具书，是百科全书还是词典等。

2. 著者和出版者

著者和出版者的资历，是用户选择工具书的重要参考依据。在深入了解和选择工具书之前，著者和出版者的权威性标志往往备受关注。如商务印书馆，以出版中外文工具书而著称；中华书局，以出版文史类的工具书而著称；上海辞书出版社，主要出版各种辞书、手册、索引等。

3. 内容

纺织类工具书的主体部分便是其正文，对于用户的选择尤为重要，人们最常用的便是字典、词典，综合性辞书和知识性辞书为其次，用户可以根据需要选择合适的纺织类工具书。

4. 编制体例

工具书的编制体例，直接影响着纺织类文献检索的效果，也是用户选择纺织类工具书的主要依据，主要包含编排的方式、检索的方法、印刷的规则以及文体等内容，用户应优先选择方便检索而且附有辅助索引的相关工具书。

5. 版本

对同种工具书而言，版本不同，其内容的侧重点会有所差异，用户应优先选择新版本，同时兼顾参考旧版本的相关内容。

6. 编纂及出版时代

通过了解编纂及出版时代，可以帮助用户对于纺织类工具书的时代性进行甄别，进一步了解其时效性。

7. 序跋、凡例、目录

用户可以通过序跋、凡例和目录，大致了解纺织类工具书的前言及后记、编排体例、内容结构等特征，为进一步的选取提供依据。

8. 参考书评

用户可以通过书评，客观了解纺织类工具书的社会反响等。书评文章大多散见于各类报刊以及论文集，用户可以通过相关的文摘以及索引来考证。纺织类工具书的"举要""指南"以及"手册"等，都是简要的工具书书评，也都属于工具书的工具书，可为用户进一步选取工具书提供参考。

第二章

纺织文献检索教学论

第一节 教学论

一、教学

在人们的日常生活中,可以凭借经验以及自身的感受,对"教学"形成一种感性认识;"教学"又通常被人们理解为以传授知识、培养技能为核心的教育活动。

（一）"教学"的内涵

"教学",由"教"和"学"两部分构成,是人类特有的人才培养活动,旨在从"德、智、体、美、劳"等方面全方位培养学生的综合素养,让学生得到全面发展,即通过"教学"这一过程,教师要教会、学生要学会系统的理论和实践知识。

对于"教"和"学"之间的关系,有多种观点对其进行阐释,比较典型的有两种:

第一种是由王夫之（明末清初的思想家）提出的"夫学以学夫所教,而学必非教;教以教人之学,而教必非学"。

其含义为:"学生所学习的内容,一定是教师所讲授的内容;但是学生实际学习的过程,却与教师实际所讲授的过程并不等同。教师所讲授的内容,一定是学生想要学习的内容,但是教师实际所讲授的过程,却与学生实际学习的过程并不等同。"

第二种便是《说文解字》（东汉许慎编著）中指出的"教,上所施下所效也"和"学,觉悟也,觉悟互训"。

其含义为:"所谓教,包括教师的教授以及学生的效仿两部分内容""所谓学,便是学生醒悟和理解的过程"。

"教学"的最终目标是培养人,亦即通过知识的传授、技能的培养,从而不断提升学生的综合品格和能力。"教学"的最高境界就在于能够促进学生健康发展,进一步助推人类社会的进步。

(二)"教学"的发展

"教学"是"教"和"学"相互统一的过程,随着社会的发展,"教学"这一概念的内涵是不断发展和完善的。

1. 王策三,中华人民共和国教学论学科重要奠基人,著名教育理论家,他曾经提出:"所谓教学,乃是教师教、学生学的统一活动;在这个活动中,学生掌握一定的知识和技能,同时,身心获得一定的发展,形成一定的思想品德。"

2. 裴娣娜提出:"教学,即教师教学生认识客观世界并进而促进学生身心发展的教育活动。"

3. 布鲁纳(美国著名教育学家)指出:"教学是一种能够帮助或者促进人成长的努力。"

(三)"教学"三要素

对于教学要素的阐述,不同的教学理论有着不同的观点,主要有三要素、四要素、五要素等。在此重点介绍三要素,即教师、学生和教学内容。

1. 教师

教师是教学活动必不可少的因素,教师对学生的学习进行有计划、有目标的指导,教师的教学水平直接影响学生的学习效果。

2. 学生

学生是教学活动的主体,具有独立的个性,所有的教学活动要"以生为本""因材施教",充分调动学生学习的主观能动性,促进学生的成长成才以及身心健康。

3. 教学内容

教学内容是教学活动得以有效实施的素材,学生将教师讲授的教学内容通过学习、掌握和进一步理解,从而转化为自身的知识储备和技能技巧,进而使自己得到长足发展。对于学生的发展而言,教学内容的选取占有举足轻重的地位。

二、教学论

（一）教学论的概念

所谓教学论，通常是以各种教学思想为基础，以一定的科学理论为指导，从而形成的用于指导各类教学活动的教学理论。

（二）教学论的产生

教学论的产生与学校的出现密不可分。在人类社会的发展史上，最早的学校约于公元前 2500 年在古埃及诞生；在中国，最早的学校建立在公元前 1000 多年前，商代时期；在欧洲，最早的学校出现在公元前 8 世纪。

伴随着学校的出现，各类教学活动不断丰富，逐步形成了各种教学思想以及不同的教学理论。

（三）教学论的发展

教学论大致经历了三个发展时期。

1. 古代教学论

（1）中国古代教学思想

在春秋战国时期，我国呈现出了"百家争鸣"非常繁荣的文化景象，影响力较大的便是儒家思想、道家思想和墨家思想，而儒家的教学思想是最具影响力的。

①春秋战国时期

孔子，是我国古代的思想家、教育家，是儒家学派的创始人，被后世尊称为"至圣"。《论语》，为语录体散文集，该著作由其弟子以及再传弟子共同编纂完成，成书时间为战国初期，主要记录孔子及其弟子的言行，全书共分为 20 篇 492 章。《论语》，最先开创了我国分科目教学的先河，在当时，教学的主要科目分为六大类，分别为礼、乐、射、御、书、数，与这些教学科目相对应的教材主要有《诗》《书》《礼》《乐》《易》《春秋》六种。

孔子认为：学校教学应加强知识的学习。对于学生而言，在学习态度上，要好学乐学；在学习方法上，要学思结合、学以致用。对于教师而言，在教学态度上，要师生互学、教学相长；在教学原则和方法上，要因材施教、循序渐进。

孟子，对于孔子"仁"的思想进行了继承和进一步的发展，被后世尊称为"亚圣"。作为我国儒家学派的代表人物，孟子非常重视人才培养，注重"因材施教",与其弟子们一起编写了《孟子》一书。

荀子,是在战国时期最后一位具有深远影响的儒学大师,同时也是杰出的唯物主义思想家,编写了《荀子》一书,荀子非常注重"礼"在社会中的作用。

《中庸》,是儒家思孟学派的代表著作,是我国最早出现的分析教学过程的著作,它将学生的学习过程进一步细化为"学""问""思""辨""行"五个步骤。

《学记》,是我国乃至世界范围内最早的系统性论述教育和教学思想的专著,《学记》主张课内外相结合,详尽阐述"教"与"学"的辩证关系,对于教育的作用、目的,学校管理、学校制度,教学方法、教学原则等进行了系统论述。《学记》一书所提出的"讲解法""练习法""问答法""类比法"等教学方法,在当今的教学实践中,仍具有很强的借鉴意义。

②秦汉时期

在我国古代教学思想的发展历程中,儒家思想占有主导地位。

董仲舒,西汉时期的思想家、哲学家和教育家。董仲舒首次将儒家思想和当时的社会需要相结合,在汲取其他学派相关理论的基础上,提出了"大一统"和"天人感应"的学说,提出并主张"罢黜百家,独尊儒术",儒学便成了当时我国社会的正统思想。儒学的影响极其深远,影响时间长达两千多年。

王充,东汉时期的唯物主义思想家、教育家,他继承和发扬了荀子的思想。王充编写的最重要的著作便是《论衡》一书,《论衡》被世人称为我国古代的"百科全书"。王充认为:对于知识,一定要"订其真伪,辨其虚实";对于学习,一定要独立思考;对于实践,一定要"勤奋好学、博览古今"。

③隋唐时期

在隋唐时期,我国的教育教学有了快速的发展,除了开办一般的官学,还设有不同的专科学校,使得教育制度更加系统化和完备化。由于当时实行的是科举制度,因此,学校的教学内容和教学方法在很大程度上受到科举考试的影响。

韩愈,唐代时期杰出的文学家、教育家,进一步发展了"教学相长"这一思想,深刻阐述了"博"与"精"的辩证关系。

柳宗元,唐代时期著名的思想家、文学家,提出了"顺木之天"方能"以致其性"的教学思想,在教学过程中,充分肯定了教师的作用,同时强调要让

"师生关系"转变为"师友关系",相互学习,取长补短。

④宋代时期

书院,始于唐代,在宋代时期有了迅猛的发展,逐步产生了我国古代四大著名书院,即地处江西庐山的白鹿洞书院、地处河南商丘的应天书院、地处河南登封的嵩阳书院以及地处湖南长沙的岳麓书院。在四大书院中,白鹿洞书院居首位。

书院的教学,主张不同的学派进行讲学以及相互之间的辩论,在教学方法上,尤其强调的是学生的自学、师生之间的充分讨论、学生之间的相互交流等;在身心修养方面,强调"躬行实践"。

朱熹,南宋著名的教育家、思想家,他对于儒家的教学思想,进行了系统的梳理。朱熹将教学过程主要划分为两个阶段,即"格物"和"致知"。所谓"格物",指的是对于自然界事物之理进行探究;所谓"致知",指的是在探究自然界事物之理的过程中来获取知识。朱熹的教学思想,对于后世教育具有深远的影响。

⑤明清时期

在我国明清时期,涌现出了一批启蒙的民主主义思想家和教育家,如王守仁、王夫之等。

王守仁,号阳明,是"心学"创立者,明代时期的教育家、哲学家,他提出了"知行合一"的观点,与当今"学以致用""学用结合"的观点基本一致。

王夫之,清初时期的思想家和哲学家,专门从事教育活动以及学术研究40余年,在"知"和"行"的关系上,他提出并主张"知行并进"以及"行先知后"。

综上所述,我国古代的教学思想主要来源于自由讲学、教学活动以及学术研究等,提倡学术上的独到见解,强调兼收各家之长,强调尊师爱生。

(2)西方国家古代教学思想

在西方国家中,古希腊的哲学家在教育、教学等方面都有很多非常精辟的阐述。

①古希腊

苏格拉底,古希腊著名的教育家、哲学家,通过长期的教学实践,形成了别具特色的"苏格拉底法"教学法,在西方教育史上,开创了启发式教学的先河。在教学内容方面,苏格拉底提出了课程体系是由科学知识构成的理念,主张在教学过程中将自然科学以及文学作为重点内容。同时，在教学方法上，他更加重视直观的教学方法以及对于学生实践能力的培养。在教学论的发展历程中，苏格拉底的教育思想起到了非常重要的作用，为其发展奠定了很好的基础。

柏拉图，是古希腊伟大的哲学家，开创了心理学基本划分的先河，同时使之与教学之间建立起密切的联系。在西方教育的历史上，柏拉图首次提出了完整的学前教育思想，同时，建立起了完整的教育体系。柏拉图以苏格拉底为师，《理想国》《法律篇》两篇著作是柏拉图教学思想的集中体现，其中，《理想国》是在西方时代最久远的系统性的教育著作。理性训练最能够体现其教学思想的特色，发展学生的思维能力始终是柏拉图实施教学过程所追求的终极目标。

亚里士多德，曾就读于由柏拉图创办的学园。在世界古代史上，亚里士多德是最伟大的哲学家、教育家和科学家之一，在教学理论上，亚里士多德继承了柏拉图的教育思想。在教学方法上，亚里士多德更看重对动手能力和实践能力的培养；在师生关系上，亚里士多德更强调真理的重要性。

②古罗马

昆体良，是古罗马著名的演说家和教育家，是在古代西方国家首个研究教学法的理论家，昆体良编写了《雄辩术原理》一书，该著作被人们称为古代西方首部教学论著。昆体良认为，在教学过程中，为学生同时安排多门课程能提高学习效率；在保持学生上课注意力集中方面，课堂提问的效果是最好的。

综上，通过中外古代教学思想发展历程分析，可以得知教学思想是随着社会的政治、文化、经济和教育的发展而不断发展的，学校的出现为教学论思想的诞生奠定了扎实的基础。受当时社会发展水平的制约，教学论还没能形成独立的学科体系。

2. 近代科学教学论

科学教学论的产生，是伴随着社会生产力和科学技术的迅猛发展、普及教育的实施而逐渐形成的。

（1）科学教学论的建立

①夸美纽斯的教学思想

夸美纽斯，于1632年出版发行了《大教学论》一书，该著作的出版标志着系统教学论的建立。夸美纽斯是捷克的教育家，他提出了"泛智教育思想"，同时提出并主张教学内容要"泛智化"，他还提出了教学的四大原则，即"直观性""自觉性""系统性"和"巩固性"。夸美纽斯提出了"班级授课制"和

"学年制"理论,同时又尝试设立分科教学法,为近代教学理论的形成奠定了良好的基础。

②卢梭的教学思想

卢梭,是启蒙运动的代表人物之一,是18世纪法国的教育家、启蒙思想家、哲学家和文学家。卢梭继承和发展了夸美纽斯的教学思想,自然教育是卢梭教学思想的主体。卢梭非常重视儿童的思想,充分肯定儿童的积极性在教育教学中的作用,为其"儿童中心论"奠定了坚固的基础。

③赫尔巴特的教学思想

赫尔巴特,是19世纪德国著名的心理学家、教育学家、现代教育学的奠定人,于1806年出版了《普通教育学》一书,该部著作的问世,初步形成了教学论的学科体系。

赫尔巴特,是首个尝试依据心理活动规律对教学过程进行分析研究的教育家。赫尔巴特建立了教学过程认识论,提出了"形式阶段"的教学理论,形成了教学过程的四阶段:第一阶段为"明了",第二阶段为"联想",第三阶段为"系统",第四阶段为"方法"。再到后来,赫尔巴特的学生以其"四阶段"教学理论为基础,并对其进行相应的修改和完善,最终发展成了"五段教学法",其中,第一阶段为"预备",第二阶段为"提示",第三阶段为"联想",第四阶段为"总结",第五阶段为"应用"。

综上所述,近代教学论的发展具有以下特点:

一是教学理论已成为具有相对独立的学科体系;

二是教学论的创立是为了适应教学实践发展的需要;

三是与心理学的结合,促使教学论科学化程度进一步提高。

(2)科学教学论的发展

①实验教育教学思想

该思想和实验心理学的联系非常密切,它强调的是利用实验的方法对教育教学问题进行研究,实验教育教学思想指出的定量研究已成为20世纪教学论研究的基本范式,在很大程度上推动了科学教学论的发展。

②实用主义教育教学思想

19世纪末20世纪初,该思想在美国兴起,对20世纪世界教育教学理论的发展产生了巨大的影响,美国的杜威及其弟子克伯屈为其代表人物。

杜威提出了"五步教学法",将教学过程进行梳理和总结,划分为五个步骤：第一个步骤为"创设情境"，第二个步骤为"确定问题"，第三个步骤为"提出解决问题的假设"，第四个步骤为"对假设进行推理"，第五个步骤为"验证"。在培养学生的探索精神和创造性方面，"五步教学法"的实施发挥着非常重要的作用。

杜威的"五步教学法"，在教学理论的发展过程中起着相当重要的作用。该理论将以"教材"为教学的重点逐步转移到以"人"为教学的重点，将教学过程由静态转变为动态，但是却在一定程度上忽视了对系统知识的学习以及在教学过程中教师的主导作用。

③马克思主义教学论

马克思主义教学论的产生，有效促进了教学论的科学化，从而更加有力地助推了教学质量的提升。该教学论是在辩证唯物主义认识论的基础上，在马克思主义哲学指导下产生的，它认为，人们必须重视课堂教学这一重要的环节，必须重视教师在课堂教学中的核心作用，必须重视对于系统科学理论以及技能的讲授与研习。

综上，当时的社会政治、经济和文化条件等方面，对于教学论的发展都起着一定的制约作用，不同学派教学论的理论争鸣，进一步促进了现代教学论的发展。随着科学技术的不断发展和进步，教学理论也需要不断地进行改革、创新和发展。

3. 当代教学论

（1）当代教学论的发展

当代教学论的发展历程主要经历了以下四个阶段：

①行为主义教学理论的兴盛

在二十世纪五六十年代，行为主义教学理论的研究广泛流行。美国著名心理学家斯金纳的程序教学模式为典型代表，他提出了六项教学设计原则，即"小步子"原则、"循序渐进"原则、"序列化"原则、"学习者参与"原则、"强化"原则以及"自定步调"原则。

同时，在西方国家诞生了"新教学论"，最具有影响力的便是"三大新教学论流派"，一是"发展性教学论"，该理论由赞科夫（苏联教育学家）提出，其中有五个非常知名的观点：第一个是"高难度"的教学理论，第二个是"高速度"的教学理论，第三个是"以理论知识为主导作用"的教学理论，第四个是"使学生理解教学过程"的教学理论，第五个是"使全体学生都得到发展"的教学理论；二是"发现教学论"，该理论由布鲁纳（美国著名心理学家）提出；三是"范例教学论"，由瓦根舍因和克拉夫基（德国教学论专家）提出。

②认知教学设计理论的发展

从 20 世纪 60 年代末到 70 年代，认知教学设计理论得到了蓬勃发展。该理论以加涅和布里格斯为代表，是在行为主义教学理论的基础上发展形成的。他们认为，教学设计应该具备四个前提：第一个前提是"教学设计须为个体而设计"，第二个前提是"教学设计应包括短期阶段和长期阶段"，第三个前提是"教学设计应影响个体的发展"，第四个前提是"教学设计须建立在关于如何学习知识的基础上"。

③教学设计理论的整合

进入 20 世纪 80 年代，教学设计理论整合便成了北美教学设计理论的发展趋势，旨在将不同的教学设计理论和教育技术的发展、认知科学的发展等进行有效整合，从而设计并研究出更加科学的教学理论。

④认知建构主义理论的产生

到了 20 世纪 90 年代，美国的学者将建构主义理论运用到具体的教学设计研究中，提出来"认知建构主义学习观"。认知建构主义理论的产生，对于各国的教学理论均产生了非常重要的影响，同时，许多的建构主义思想教学论专家随之涌现。

（2）当代教学论的特色

①教学目标多元化

随着科学技术的发展，各个国家在教育教学的改革过程中，逐步确立了通过教育促进人的全面发展的观念，如"三大新教学论流派"的产生，教学"人本化"思潮的兴起等，进一步促进了教学目标的多元化发展，从而带动教学质量评价观念以及评价方式的变化，促进教师、学生的共同发展。

②教学内容的结构化和生活化

随着科学技术的飞速发展，"三大新教学论流派"以及"建构主义理论"的产生，教学内容改革随之呈现出结构化的发展趋势。

③教学组织形式多样化

充分利用系统论、信息论以及控制论的方法来综合分析教学过程，从而追求最优的教学设计和教学效果，备受当代教学论的重视。以上研究加快了教育学与心理学的有机结合，从而进一步推动了教育教学手段的现代化，对于教学组织形式以及教学手段的更新，均起到了非常重要的助推作用。

④教学媒体现代化

教育信息技术的发展，直接影响到了教学领域的深层次变革。如何有效利用教育信息技术，如何提高人机协作水平等一系列问题，都在促使人们对于教学领域相关的信息技术利用进行更加深入的探索。

⑤教学论理论基础多学科化

自从20世纪以来，教学论科学化的重要标志，便是教学设计理论的研究建立在心理学基础之上。二者的有机结合，进一步增强了教学理论的研究基础。当今的教学理论及实践研究是建立在哲学、心理学、信息学、传播学等多个学科基础之上的。

4. 中国当代教学论的发展

自改革开放以来，我国教学论得到了迅猛发展，已经形成了独具特色的教学论研究体系。

（1）中国教学理论流派初步形成

在我国，有三大类教学理论最具代表性。

①主体性教学理论

该理论由王策三、裴娣娜等人提出。该理论提出：教学主体通常可以分为三个层面，一是本体主体，二是认知主体，三是实践主体。从本体主体和认知主体的层面而言，教师和学生都是主体；但是从实践主体的层面而言，只有教师方能成为主体。主体性教学理论较好地解释了"who""what""how"等问题，亦即"谁是教学的主体""什么是教学的主体性"以及"在教学中如何发挥好教学的主体性"等问题。

②要素教学理论

"教学七要素"观点，是在《教学论》中提出的，《教学论》一书由李秉德、李定仁编写完成。

所谓"教学七要素"，是将整个教学活动划分为七个构成要素，即"教学目的""教学内容""教师""学生""教学方法""教学环境""教学反馈"。"教学七要素"通常又被人们称为教学"七要素理论"。该理论较好地阐释了"what"（教学是什么）、"structure"（教学的构成要素）、"relation"（各要素间的关系）、"function"（要素作用的发挥）等系列问题。

③结构教学理论

该理论由张敷荣提出,结构教学理论将教学相关理论分为三大类:第一类,"教学论";第二类,"课程论";第三类,"学习论"。再到后来,以美国的相关成果为基础,施良方编写完成了三部著作,第一部著作《课程理论:课程的基础、原理与问题》、第二部著作《教学理论:课堂教学的原理、策略与研究》、第三部著作《学习论:学习心理学的理论与原理》,使得教学三大理论体系更加完整,内容更为详尽和明晰,极大促进了课程与教学论及其教学实践的发展。

(2)中国学科课程与教学论的系统化发展

自改革开放以来,"学科教学法"在当代教育家李秉德等人的推动以及倡导之下,逐渐发展完善成为"学科课程与教学论",经过后续更深层次的发展完善成为"学科教育学",又经过一系列的发展和完善,形成了"学科课程与教学论"这一非常强大的学科理论体系。

(3)中国课程与教学论的特色化探索

自改革开放以来,对于课程与教学论的研究,逐渐形成了具有中国特色的多样化和个性化的理论研究体系,如探究发现式、传统讲解式等。近年来,还出现了发展性、拓展式等教学思想和方法,极大丰富了我国教学理论的内容和体系。

(4)中国课程与教学论学科群日益庞大

①侧重于对"教学元"进行研究的教学专论,如教学主体论、实践教学论、教学认识论等。

②侧重于对"教学要素"进行研究的教学专论,如教学设计论、教学方法论、教学艺术论、教学内容论、教学目的论等。

③侧重于对"教学过程"进行研究的教学专论,如专门针对教学准备环节、教学实施环节以及教学评价环节等进行的专项研究。

第二节 纺织文献检索教学特色

文献检索出现的历史非常悠久,但是,在高校开设该课程的时间较短,仅仅有几十年的时间。

在1984年、1985年、1992年,教育部和国家教委多次下发通知,对高校开设"文献检索课"提出具体要求，同时，对于课程的性质和任务、教学目的及要求进行了全面的规范；在1993年，全国文献检索课教学指导小组成立。从此，我国高校"文献检索课"教学进入了一个规范化发展时期。

在高校开设文献检索课程，其内容与学科专业具有很强的相关性，主要是对各种类型文献资源的检索方法和检索技巧进行介绍，旨在通过该课程的开设使学生掌握相关文献资料检索、获取以及解决相关问题的能力。

一、纺织文献教学

（一）纺织文献教学内容简介

1. 基础性知识

基础性知识通常包括文献、纺织文献、文献检索、纺织文献检索等概念，文献及纺织文献的分类、纺织文献检索型系统和参考型系统、中图分类法等相关知识。

2. 文献信息资源的类型

文献信息资源包含诸多种类，通常可以分为纸质文献和电子资源两大类。电子资源又包含电子图书、电子期刊、各类数据库等。

最常见的中文电子资源通常包括七大类：第一类，中国知网（CNKI）；第二类，万方数据知识服务平台；第三类，中文科技期刊数据库（维普）；第四类，读秀学术搜索；第五类，超星数字图书馆；第六类，会议论文数据库；第七类，专利成果数据库。

外文数据库通常包括五大类：第一类，SpringerLink 数据库；第二类，ElsvierScienceDirect数据库；第三类，JohnWiley 数据库；第四类，EBSCOhost；第五类，ProQuest。

文摘索引数据库通常包括四大类：第一类，SCI；第二类，SSCI；第三类，EI；第四类，INSPEC。

电子图书通常包括两大类：第一类，Ebrary；第二类，NetLibrary。

除上述资源之外，还有数量庞大的网络免费资源。

3. 文献信息资源的选取

对于相关文献信息资源的选取，用户应结合不同学科专业的特点进行。例如，《化学文摘》CA，内容主要涵盖理论化学和应用化学、冶金、生物以及医药、印染等各相关学科领域的文献资料；《纺织文摘》，专门用于报道国外纺织类文献的重要检索期刊；《中国纺织文摘》，主要以题录和文摘的形式对于国内的纺织文献进行报道。

当然，除此之外，学生还可以利用高等学校图书馆提供的各种数据库，以及免费的网络资源，百度、谷歌搜索引擎等。

4. 检索方法

检索通常可以分为以下两种类型。

（1）精确检索，又称为词组检索，指的是将用户所检索的词组或者短语等作为独立单元，与检索系统进行严格匹配，只有完全匹配时，方显示检索结果。精确检索的准确度相对较高。

（2）模糊检索与精确检索相对应，又称为概念检索，指的是检索系统将检索词予以拆分后检索，或者按照用户所输入的检索词的近义词进行模糊查找，从而检索出多个结果。模糊检索的准确度相对较低。

例如，用户拟查找"纺织文献检索"相关内容，采用精确检索，其检索结果必然包含"纺织文献检索"，而且词序完全一致；但是如进行模糊检索，其检索结果可能会包含"纺织""纺织文献""文献""检索""文献检索""纺织文献检索"等词语中的一个或者多个。

5. 参考文献的利用

参考文献，指的是在学术研究或者学术活动过程中，对某一部著作或者某一篇论文整体或者部分的借鉴或参考。

参考文献的著录原则：一是仅对公开发表的文献进行著录，不宜公开的文献或者内部资料，均不得作为参考文献引用；二是采取规范的著录格式，要体现齐全的著录项目，位置排列在正文之后，编排顺序根据在正文中出现的先后进行。

参考文献大致可以分为两大类，代表性参考文献的类型及其标识详见表2-1：

表 2-1　代表性参考文献类型及其标识一览表

分类	内容	标识
参考文献	期刊	[J]
	专著	[M]
	论文集	[C]

续表

分类	内容	标识
参考文献	报纸	[N]
	学位论文	[D]
	报告	[R]
	标准	[S]
	专利	[P]
电子参考文献	数据库	[DB]
	计算机程序	[CP]
	电子公告	[EB]
	联机网络	[OL]

在此仅列举期刊和专著的著录格式，具体如下。

（1）期刊著录格式

例如：［1］周晓鸥．纺织学科外文文献全文获取的方法和途径［J］．东华大学学报（社会科学版），2010，10（2）：126-129.

（2）专著著录格式

例如：［2］王立诚．科技文献检索与利用：第6版［M］．南京：东南大学出版社，2020.

6. 检索关键词的选择

关键词检索是最基本的检索方法，也是人们最常用，最不容易被人们掌握的检索方法。

关键词主要有表面关键词、扩展关键词和背景关键词三种类型。

（1）表面关键词

表面关键词，是人们最容易理解，并且经常使用的，可以直接从检索题名中获取。

（2）扩展关键词

扩展关键词，通常指的是表面关键词的近义词、上位词或者下位词。

（3）背景关键词

背景关键词，无法通过检索题名来获取，仅仅可以借助对于题名的分析，从而获得与题名相关的关键词。此类关键词是最难被人们掌握的。

(二) 纺织文献的教学方法

对于纺织文献的教学，最常用的教学方法便是讲授法，利用该方法，教师可以很好地控制课程的教学进度，在很短的时间，让学生最大限度获取比较系统的知识，也可以同时面向数量较多的学生，但是课堂上单纯地讲授，并不能很好地激发学生学习的主动性和积极性，以至于在很大程度上降低了学生的学习效率。所以，通常在课堂上，教师会采用多种教学方法，进一步提高学生解决复杂问题的能力。

下面重点介绍三种教学方法。

1. 案例教学法（Case Methods of Teaching）

所谓案例教学法，便是通过典型案例来实施教学的方法。作为高校教学方法的一种，案例教学法最早于1918年由美国哈佛大学创立，1980年引入我国，直到20世纪90年代才逐渐受到人们的重视。

案例教学一般是安排在理论讲授之后作为辅助教学法来运用。运用好案例教学法，最重要的是对典型案例的选择，案例既要典型还要具有一定的价值，难易适中；其次就是讨论环节的实施以及教师对于方案的评论。

2. 项目教学法（Project-based Teaching Method）

该教学法起源于美国，盛行于德国，其核心便是师生共同来完成一个项目。该教学法的主线是"项目"、主体为"学生"，整个教学过程都是以"教师"作为引导，充分诠释了"以学生为中心"的教学理念。

3. 任务驱动法（Task-based Teaching Method）

又被称为任务教学法，该教学方法最核心的环节是"情境创设""任务设计""自主学习"和"效果评价"，其中"任务设计"最为关键。该教学方法充分体现了学生的主体性，非常契合创新教育和素质教育的教学理念，教学效果得到明显提升。

对于纺织类专业文献检索课程的教学，最关键的是由任课教师提出和纺织类专业密切相关的多个典型案例，同时把学生按照一定的规则分为多个组别，每一组给出一个比较适合的案例，去进行充分的调研、系统的思考、详尽的分析、充分的研讨，最终形成一份小组策划书，组内成员均承担相应的任务分工，最终每一组形成一份报告，并进行书面汇报，任课教师和其他小组给出评价。

综上，通过对讲授法与案例教学法、项目教学法和任务驱动教学法等的综合运用，可以促使学生更好地了解和掌握纺织类文献检索的基础知识，掌握不同纺织类文献的检索方法和检索技巧。同时，还能让学生更深入地了解纺织类专业发展的新方向，更好地培养学生解决实际问题的能力，促进创新思维的养成。

二、纺织文献教学特色

随着工程教育专业认证的发展，我国越来越多的工科专业通过认证，进一步提高了工程教育的质量。

纺织文献检索课程作为一门专业课程，是纺织工程本科生进行毕业设计、撰写毕业论文之前必须好好修读的课程。如要更好地达到工程人才的培养目标，必须以工程教育专业认证理念为指导，对该课程进行与之相适应的教学改革，这样才能支撑纺织类本科专业毕业要求的达成，从而更好地培养纺织类本科专业学生解决复杂工程问题的能力。

（一）工程教育专业认证的发展历程

1936年，工程教育专业认证启动，包括哥伦比亚大学在内的美国部分高校开设的相关工程类专业，首批通过ABET组织的认证。我国的认证试点工作最早开始于1992年，当时包括清华大学在内的部分高校所开设的建筑学专业进行了认证试点。我国的专业认证工作于2006年正式启动，"中国工程教育专业认证协会"（CEEAA）于2015年成立，2013年我国成为《华盛顿协议》的预备成员，2016年成为正式会员。通过认证的工程类专业的毕业生，其学位同样会被协议其他成员单位认可。

《华盛顿协议》，创立于1989年，为国际性协议，通过认证的工程专业具有国际实质等效性。其最核心的理念是"学生中心、产出导向、持续改进"。

截至2025年2月，工程教育专业认证在我国已覆盖23个专业领域的86个工科专业（如表2-2所示），已有13所高校的纺织工程本科专业通过或者有条件通过工程教育专业认证（如表2-3所示）。

表2-2 我国工程教育专业认证覆盖的专业领域和专业数量一览表

序号	专业领域大类	涵盖专业数量
1	机械类	7
2	仪器类	1

续表

序号	专业领域大类	涵盖专业数量
3	材料类	11
4	电子信息类	8
5	自动化类	1
6	电气工程类	2
7	计算机类	5
8	土木类	2
9	水利类	4
10	测绘地理信息类	3
11	化工与制药类、生物工程类及相关领域专业	9
12	地质类	4
13	矿业类	3
14	纺织类	3
15	轻工类	2
16	交通运输类	5
17	兵器类	5
18	核工程类	3
19	环境类	2
20	食品科学与工程类	4
21	安全科学与工程类	1
22	农业工程类	1
	合计	86

表2-3 我国纺织工程专业通过工程教育专业认证高校一览表

序号	学校名称
1	内蒙古工业大学
2	绍兴文理学院
3	安徽工程大学
4	南通大学

续表

序号	学校名称
5	东华大学
6	苏州大学
7	浙江理工大学
8	中原工学院
9	西安工程大学
10	青岛大学
11	江南大学
12	天津工业大学
13	武汉纺织大学

(二)基于工程教育专业认证理念的纺织文献检索课程教学及其特色

文献检索课程是纺织类工程专业学生修读的一门非常重要的课程,通过该课程的学习,可以在很大程度上提高学生的信息素养,培养学生主动学习和终身学习的意识和能力。

1. 课程体系构建

遵循工程教育专业认证理念,按照"反向设计、正向实施"的原则,对纺织文献检索课程的教学内容进行精心设计。在整个教学过程中,讲授法和案例教学法、项目教学法、任务驱动法等相结合的教学方法,进一步促进学生对于文献信息理论知识和实践技能的理解和掌握,进一步提高学生对于文献信息尤其是纺织文献信息的获取和利用能力。

通过以下五部分内容的讲授,学生可以更好地获得十二项信息素养能力。

第一部分:文献、纺织文献的基础知识和基本理论。通过此部分内容的学习,学生可以获得信息的感知力、认知力和认同力等的信息素养能力。

第二部分:文献、纺织文献检索系统。此部分主要介绍目录、索引和文摘三种检索工具,在第一部分内容学习的基础上,通过对此部分内容的学习,学生可以进一步获得信息的获取能力、处理能力和不同信息工具的运用能力等信息素养能力。

第三部分:文献、纺织文献参考系统。此部分主要学习文献、纺织文献相关的标准、百科全书、年鉴、手册、字词典等的发展、分类以及应用等内容。通过对此部分内容的学习，学生可以进一步获得信息的获取能力、处理能力和不同信息工具的运用能力等信息素养能力。

第四部分：中外文数字资源的利用。此部分主要学习文献、纺织文献相关的中外文数字资源的应用能力，中文数字资源如中国知网、万方数据知识服务平台、维普、读秀学术搜索、超星数字图书馆等，外文数字资源如 SpringerLink 等。通过对此部分内容的学习，学生可以进一步获得信息的获取能力、处理能力、协作能力和不同信息工具的运用能力等信息素养能力。

第五部分：学术论文撰写及学术诚信。通过对于此部分内容的学习，学生可以对学习的相关知识进行综合运用，总结提炼形成具有独到见解的学术研究成果，可以进一步提升对不同信息工具的运用能力，获得信息的生成能力、增值能力、协作能力和创造能力等信息素养能力。同时，在此部分对学生进行学术诚信教育，进一步增强学生对于信息利用的约束能力。

2. 跨学科模式下的任务驱动特色教学法

纺织科学与工程学科是交叉型学科，与化学工程与技术、计算机科学与技术、一般工业技术、材料科学与工程等学科相互交叉、相互渗透，融合了多个学科的知识。任何一门专业课程的学习，都需要进行知识的积累和相关文献资料（包括纸质文献和电子文献）的查阅，文献检索知识和技能是每一名学生所必备的，所以，纺织类专业课程和文献检索课程的有机结合，可以在很大程度上拓展和深化学生对专业知识的学习和掌握。

所谓跨学科，通常指的是打破不同学科之间的界限。在这种模式下实施教学活动，一般是以讲授本学科课程为主，同时对其他学科的知识加以充分利用，进一步达成教学目标。与这种教学模式相适应，便出现了课程教学团队，根据课程的不同属性、所讲授的课程内容、与之相关的其他学科知识等多种因素来确定团队人员的组成。如讲授第四部分"中外文数字资源的利用"时，教学团队人员至少包含专业教师、熟悉中外文数字资源和检索知识的图情专业教师、熟悉计算机程序应用的教师等。

在跨学科教育模式下，任务驱动教学法是行之有效的教学方法之一。教师可以根据相应的教学目标，结合教学内容，有针对性地为学生设计多个需要完成的课堂任务或者阶段性任务等。当然，教师对于任务的设定至关重要，通过课堂任务或者阶段性任务的完成，可以实现课堂教学目标或者阶段性教学目标。

课堂任务或者阶段性任务的设定内容可以包含但不局限于以下内容：

一是通过不同的数据库如知网、万方、维普、读秀等去查找并下载同一篇高被引论文；

二是通过数据库相关模块功能（如"万方选题"等）去进一步确定论文的选题或者了解某一领域如纺织学科领域的研究前沿；

三是利用中外文数据库深层次了解国内相关领域如纺织新工艺等的研究现状；

四是进行国内外相关领域如纺织新技术等的专利检索；

五是利用开放获取途径获取如纺织文献相关的研究论文。

3. 课程思政的有机融入

2013年以来，"课程思政"领域的研究论文中的热门主题词主要有课程思政建设、教学改革、思政教育、高职院校、思政课程，其中热度持续上升的分别是课程思政建设、教学改革、思政教育、高职院校、思政课程。（详见图2-1）经过多年的发展，课程思政相关理论已广泛应用到各个学科领域，并且逐步呈现出跨学科发展的趋势。

"课程思政"教育是高校落实"立德树人"的根本任务，深入实施"三全育人"的重要举措，结合纺织类学科专业文献信息检索课程的教学实际，可以从以下几个方面适当融入课程思政相关内容。

（1）将信息教育和安全教育作为核心要素

在讲授文献信息尤其是纺织文献信息基础知识及其检索方法的过程中，穿插时代热点问题、典型案例等的相关内容，让同学们初步掌握对各类信息的甄别能力，各类文献信息正确的获取途径，同时培养学生的意识形态安全、网络安全等安全意识，促进学生身心健康发展。

（2）将爱国主义教育有机融入文献检索课堂教学

在讲授文献检索课程数字资源的利用时，结合伟大建党精神、《榜样》等，打造设计系列检索实例，分别设定每节课的教学小目标和阶段性教学目标，采取翻转课堂和案例教学相结合的方法，让学生在学会检索方法的同时，与同学们分享对于"伟大建党精神"的深刻内涵以及《榜样》的感召力等的所思所想所悟，将爱国主义教育贯彻课程的始终。

（3）将品德教育与论文撰写有机结合

将职业道德教育、诚信教育、知识产权等相关内容与论文撰写相结合，通过典型案例的讲解，让学生深刻认识学术不端、学术造假等带来的一系列危害

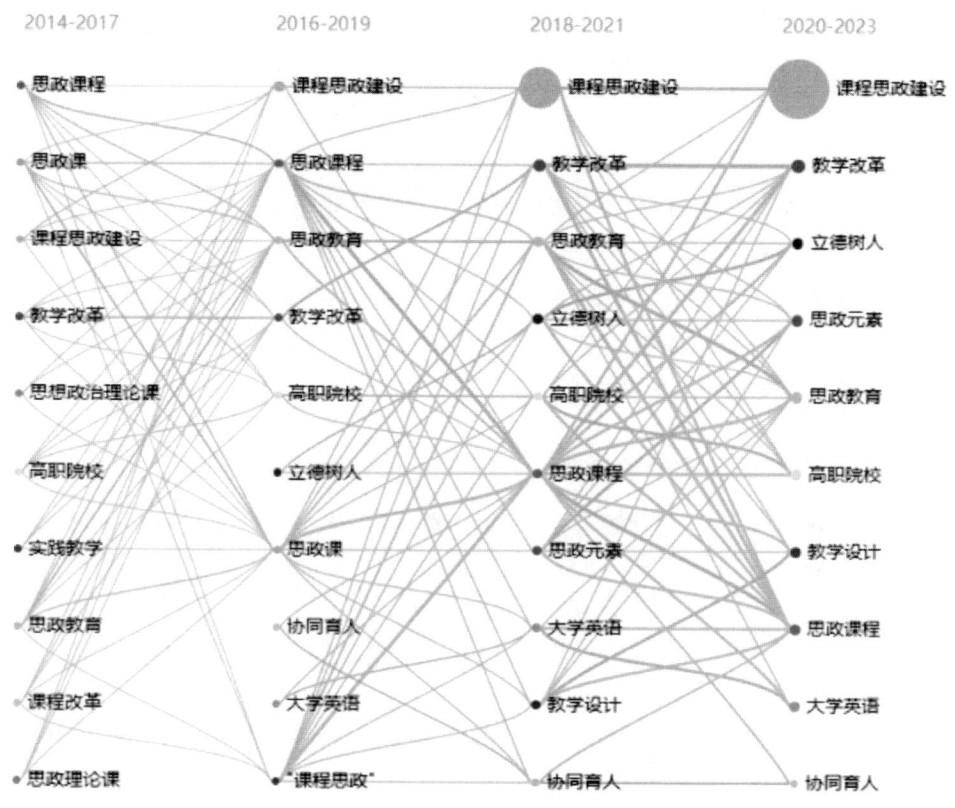

图 2-1 "课程思政"研究领域热点监测

图解：气泡代表某一年分区间内的热点研究主题，不同颜色代表不同主题，从左到右分别表示学术脉络知识图谱的不同时期，气泡面积与研究主题相关论文数成正比，气泡之间的连线代表主题之间存在演化关系，线条粗细和主题之间的关联度成正比，同一时间段的热点主题按照相关论文数从上到下降序排列。

和不良社会影响等，从而在论文写作中更加敬畏科学、敬畏诚信，做到格式规范、文献引用正当、数据真实可靠，进一步培养学生严谨的科学研究态度以及不断探索的创新意识。

（4）在弘扬中华优秀传统文化教育中彰显文化自信

在课堂上，通过讲授纺织工艺产生的运河非遗项目，如蓝印花布（在江南运河地区广泛流行，唐宋时期蓬勃发展）、苏绣（江南苏州为其发源地，在春秋时期已用于服饰）、宋锦（又被人们称为"锦绣"之冠，在宋代时期得到了迅速发展）等的相关内容，同时让学生利用不同的检索路径查阅与纺织相关的非遗类文献资料，在充分了解我国纺织工艺发展的基础上，深刻感受到中华优秀传统文化的博大精深、源远流长，进一步坚定学生们的文化自信，激发他们的爱国情怀。

4. 达成性课程评价体系的构建

关于"达成性课程评价"领域的研究论文中的热门主题词，近四年有过程性评价、课程目标、考核评价、能力培养、加权分段函数模型。以课程目标为例，其相关研究主题有达成度评价、课程目标达成度、师范类专业认证、持续改进、成果导向教育、期望达成系数、形成性评价、课程达成性评价，未来或可进行这些方向的探索。（详见图2-2）

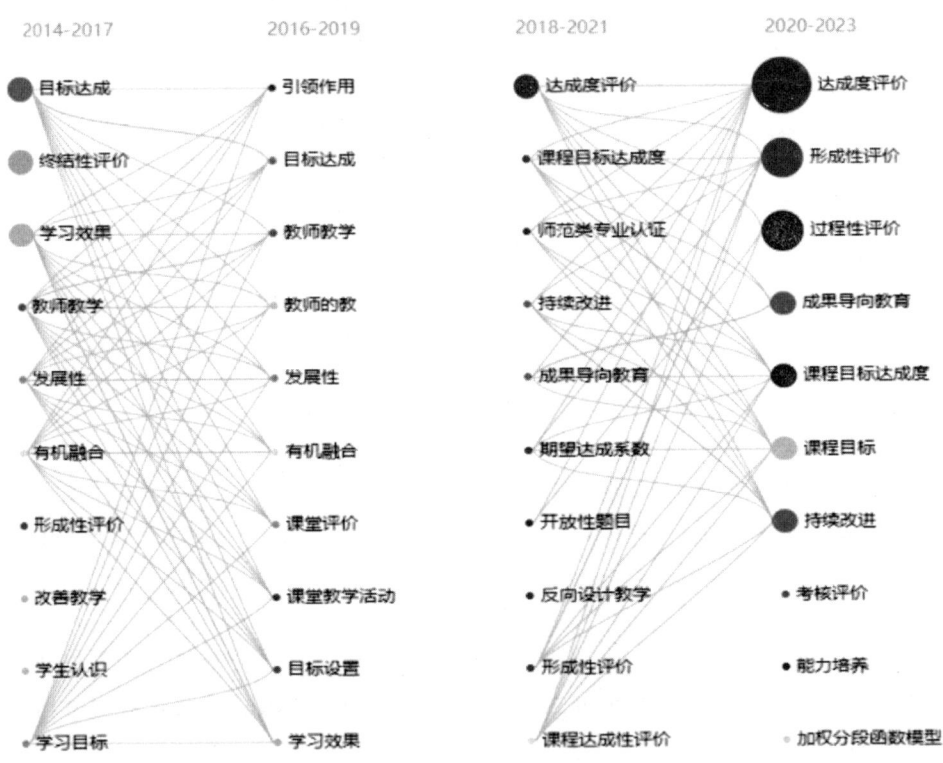

图 2-2 "达成性课程评价"研究领域热点监测

图解：气泡代表某一年分区间内的热点研究主题，不同颜色代表不同主题，从左到右分别表示学术脉络知识图谱的不同时期，气泡面积与研究主题相关论文数成正比，气泡之间的连线代表主题之间存在演化关系，线条粗细和主题之间的关联度成正比，同一时间段的热点主题按照相关论文数从上到下降序排列。

课程的达成性评价，是为了通过该课程全过程的学习，全面且客观地评价学生的学习效果，全面提升学生的学习能力；是与工程教育专业认证理念相契合的评价方法，评价方式多元化，评价实施过程化。项目教学法是最为典型的教学方法。

课程的达成性评价体系主要由以下三部分构成，其中最核心的是过程性评价。

（1）学生成绩

主要包括平时成绩、课堂测试成绩、单元测试成绩、期中考试成绩、期末考试成绩、实习成绩、课程设计成绩、实验成绩等方面。通过各类成绩的评定，教师可以在一定程度上了解学生对于课程各个章节和重点难点内容的掌握情况，以便于及时调整授课方式和授课进度。

（2）调查问卷反馈

教师通过设定与教学内容和教学进度相符合的调查问卷，以便及时了解学生在学习过程中或者在教学项目实施过程中遇到的问题或者困难，或者对于课程相关的各类评价信息等，助力教师及时调整课程内容或者教学进度，最大限度促进课程教学目标的达成。

（3）过程性评价

项目教学法的实施，可以很好地考查学生学习的综合能力和水平，同时检验课程教学目标的达成情况。课堂任务或者阶段性任务的完成情况，可以用来评价课堂教学任务或者阶段性教学任务的目标达成情况，反过来，教师可以根据其达成情况，进一步修订改进教学方案，将修订好的方案再实施，以此类推，达到持续改进的目的。

第三章

纺织文献检索型系统

第一节　文献检索型系统

文献检索型系统，一般指的是可用于快速、准确查询文献出处以及内容等相关线索的系统，此类系统属二次文献，是以原始文献为基础编制而成的。目录、索引和文摘是文献检索的主要形式。

一、目录

（一）目录概述

目录又被称为书目，是记录和揭示系列相关文献，并且按照一定的规则进行编排的检索工具。

在我国，目录的出现可以追溯到很久以前。在汉代就出现了《别录》（现已失传）；西汉时期的《七略》（刘向、刘歆父子编著），是一种著录详尽、体例完备的综合性书目；在东汉时期，由班固编辑的《汉书·艺文志》则开创了官修史志书目的先河；在清代时期编辑的《四库全书总目提要》则成为古典目录的典范。

古人所称的目录，包括"目"和"录"两个部分。其中，"目"一般是指一部著作的篇目；而"录"则是对成书的经过、书籍的内容等所作的评价和介绍，为一部书的叙录，相当于提要。在古代，用"解题"和"评注"等来特指一部书的目录，用"略""志""记"和"书录"等来特指群书的目录。

目录的作用主要有三方面：一是可报道、记录和宣传文献；二是可以为用户提供相关的文献信息；三是可以指导读书治学，对科学研究具有辅助作用。

(二) 目录的分类

目录可以分为古典目录和现代目录两大类。其中古典目录又可以分为四种类型：官修目录、版本目录、史志目录和私撰目录；现代目录则根据出版形式的不同，可分为书籍目录和报刊目录两大类。本部分对现代目录做重点介绍。

1. 书籍目录

该目录专门用于揭示和报道图书的出版以及收藏情况。

书籍目录可以分为以下四种类型：

（1）综合性目录

该目录对于各个学科门类的文献均进行收录。分为三种类型。

①国家目录

该目录为登记性目录，用于记录某个国家所有出版物的发展状况。

A.《全国总书目》

该书目全面系统地揭示和报道了我国出版的各类文献，是全国综合性的图书目录，它具有年鉴性质。《全国总书目》是资料性工具书，方便用户了解图书出版的大致状况，同时通过该书目又可以了解图书在中华人民共和国成立后的出版情况。《全国总书目》由中华书局出版发行，于1949年创刊，自1972年开始每年1册，32开本；从1982年之后，增加了图书的内容提要部分，由32开本调整为16开本。

《全国总书目》有三部分内容。第一部分是该书目最为基本的内容，涵盖本年度出版的全部图书的分类目录。在1966年前，依据《中国人民大学图书馆图书分类法》进行编排，而在1972年之后，则采用《中国图书馆图书分类法》进行编排。第二部分是专题目录，涵盖了技术标准、教科书、盲文书、外文书、少儿读物、连环画、年画以及图片等。第三部分是附录，包含了出版者一览表、期刊目录以及书名索引等。

B.《中国国家书目》

《中国国家书目》是在中华人民共和国成立后我国首部正式的国家书目，在该书目出版之前的时间由《全国总书目》来替代。该书目全面、系统地揭示了国家出版的全部文献，汇集了一个国家在某个时期出版的所有图书，对某个历史时段内一个国家科学文化的发展状况予以呈现，并且可以全面准确地报道其出版发行的最新动态。《中国国家书目》，于1985年、1986年、1987年每年出版1卷，其间共出版3卷，由书目文献出版社出版发行；于1991年、1992年、

1993年、1994年每年出版1卷，其间共出版4卷，由华艺出版社出版发行。

②联合目录

该目录是以全国或者某一个地区的多个图书馆的馆藏文献收录情况为基础而进行编制的统一目录，如《四川省高校图书馆古籍善本联合目录》和《中国地方志联合目录》等。

③馆藏目录

该目录是以某个图书馆的馆藏文献收录情况为基础而进行编制的，如《北京大学图书馆藏善本书目》和《北京图书馆馆藏革命历史文献简目》等。

（2）专门性目录

该目录是以专门展示某种特定文献编制而成的，主要针对某一个特定的学科、某一个种类的文献或者是某一个研究课题等，如《中国近代史论著目录》和《八十年来史学书目》（1900—1980）等。

（3）地方文献目录

该目录专门收录关于某一个地区的社会状况、自然和历史的图书文献，如《河南文献目录》等。

（4）个人著述目录

该目录是以收录某个人的所有著作以及研究该著者的生平和思想的相关资料为基础编制而成的书目。个人著述目录通常分为两种，一种是由个人进行著述的研究书目，如《鲁迅研究书目》等；另一种是由个人进行著述的编年书目，如《郭沫若著译书目》等。

2. 报刊目录

该目录通常采用期刊的形式出版，用于专门报道和揭示报刊、图书收藏及出版状况的，如《全国新书目》《中国报刊名录》等。

（1）《全国新书目》

《全国新书目》的发展经历了6个阶段，一是于1951年8月创刊，创刊时为季刊，之后由季刊调整为双月刊；二是于1954年由双月刊调整为月刊；三是于1966年7月停刊；四是于1972年6月复刊；五是于1973年定稿为月刊；六是于2005年调整为半月刊。

《全国新书目》主要收录全国范围内各级各类出版社所呈缴的图书，包括每月出版的初版、再版图书，以及图书的修订本、增订本以及重印本等。《全国新书目》对于全国范围内新书的出版情况进行及时报道，通过该书目，读者可以了解最新的出版情况。

《全国新书目》的累积本构成了《全国总书目》，二者相辅相成。

（2）《新华书目报》

该报于1963年8月创刊，是图书出版信息类的专业报纸，级别为中央级，《新华书目报》收录图书种类繁多，以收录新书为主，每个月有5000余种的初版图书和重版图书的信息预告，年收录6万余种。《新华书目报》包含三部分内容：一是《新华书目报·科技新书目》，其前身是《科技新书目》；二是《新华书目报·社科新书目》，其前身是《社科新书目》；三是《新华书目报·图书馆报》，其前身是《图书馆报》，于1998年更名。《新华书目报》是用于报道中央级、北京和全国其他地区最新出版信息的商务传媒，主要包括各类图书、各种多媒体制品等。

《新华书目报》于2001年改版，在原有征订目录的基础上，进行了既新颖又别致的有效补充，实用性和可读性均非常高。《新华书目报》的版面设置非常丰富，主要包括常规版面和专刊两大部分：①常规版面。一般涵盖业界关注、出版资讯、作家时刻、世界图书、各类书摘、书评园地、读书故事、流行阅读、期刊内外等20余个版面，对于发行行业、图书出版以及文化领域的资讯及时进行报道。②专刊。除常规版面外，《新华书目报》还定期出版各类专刊，如《教材导刊》《图书馆专刊》《旅游专刊》《健康专刊》《考试专刊》等，专刊的内容更加贴近读者，可读性很强，为行业媒体的社会化开拓了更加广阔的空间。

A.《新华书目报·科技新书目》，旬报。该报以工程技术、基础科学、自然科学、生活科学、各级标准、医药等各类图书为主要报道对象。主要板块栏目有：新书、出版观察、精品建筑、保健养生、时尚健康等。

B.《新华书目报·社科新书目》，旬报。该报以文学、社会科学、文教、财经、综合、少儿等各类图书为主要报道对象。其主要的板块栏目有：出版资讯、热点话题、流行书话、作家时刻、人物镜头、社会纪实、成功励志、职场故事、数字有方、职场修炼、营销之道、专栏、新书等。

C.《新华书目报·图书馆报》，该报是图书信息服务类报纸，主要面向报刊零售网和个人读者。该报设有多个专版：社科、教育、新华、财经、科技、文学、少儿、医药卫生和读者俱乐部等。主要板块栏目有：购书超市、长篇书摘、流行阅读、书评茶座、读书故事、读书采访、广告专版等。

(3)《中国社会科学文献题录》

该题录由社会科学文献出版社出版发行，于1984年创刊，为双月刊。

该题录是我国综合性的检索刊物，主要用于对社会科学论文以及资料的检索。主要收集两大部分的文献资料：一是社会科学类报刊所刊载的全国范围内具有理论性、学术性以及信息性的文献资料；二是对于社会科学研究具有很高参考价值的文献资料。

《中国社会科学文献题录》收录的范围较为广泛，每期收录7500余条，并且根据《中国图书馆分类法》的分类体系进行编排，排列规则为先总后分，先一般后个例，先抽象后具体等。每一条题录的内容一般涵盖著者姓名（包含摘者和译校者）、题名（包含副标题），以及原载报刊（包含报刊名称、出版地点、出版年份、卷期以及页次等）。

二、索引

（一）索引概述

索引，是指将一种或多种书籍、报刊文献中具有一定价值的资料特点或者知识的基本构成单位（如书名、篇名、刊名、主题、人名、地名、名词术语、分子式等）分别进行摘录，同时标注其出处以及页码，并且按照一定的规则进行编排，方便读者检索的一种工具书。利用索引，人们可以在最短的时间内查找到所需要的资料。在我国古代，"索引"又被称为"备检""通检"和"引得""韵编"等。

早在15世纪，欧洲便有按照字母顺序进行编排的索引。而在我国，最早出版的索引是《洪武正韵玉键》，由张士佩编写，时间可以追溯到1575年，亦即明代万历三年。我国最早出现的字词索引仍是《洪武正韵玉键》，该索引是《洪武正韵》一书所收录字词的分类索引，但现已散佚。我国现存最早的专书姓名索引，则是在明崇祯十五年，由明末学者傅山编辑出版的《两汉书姓名韵》。

索引，在一定程度上弥补了目录在某些方面的不足，目录仅仅对文献进行总体上的宏观著录，而索引能够更好地满足用户对于文献检索更高的需求。索引的著录项一般包含说明语、标目（标识）/索引词和存储地址等内容。

（二）索引的分类

索引种类繁多，最常用的主要有书籍索引、报刊索引、专题索引、会议录索引和引文索引五大类。

1. 书籍索引

书籍索引，通常指的是将书籍中的某些内容加以提取和摘录，并将其作为排检标识编制而成的索引。

根据检索关键词的不同，书籍索引可分为五类，具体如下：

(1) 字词句索引，如《十三经索引》《万首唐人绝句索引》等

A.《十三经索引》，专用于检索十三经中句子的出处，1934 年创办，由开明书店出版发行；1957 年、1959 年，由中华书局再次印刷；1983 年，由中华书局出版重订本。《十三经索引》将十三部儒家经籍中的每一个单句都作为一条，按照单句首个汉字笔画进行排序，每一句均标注经书名称、篇名简称以及在正文中的段落数，在其卷首附有"篇目简称表"和"笔画索引"。《十三经索引》与《十三经经文》（开明书店排版印刷）相互配合进行检索。

B.《万首唐人绝句索引》，由书目文献出版社出版发行，于 1984 年创办。该索引以《万首唐人绝句》（于 1983 年出版发行，共收录 10500 余首绝句和 42000 余条诗句）的新印本为基础编制而成。根据诗句第一个字的笔画数以及该汉字的笔形顺序进行编排，如第一个字相同，就按照"新印本"中的某些信息（如卷次、诗号、页码等）的顺序进行编排，同时，在每一句诗句的后面都注明其在"新印本"中的卷次和页码等信息。在《万首唐人绝句索引》一书的书前和书末分别编有《笔画检字表》和《汉语拼音索引》。

(2) 人名索引

A.《二十五史人名索引》

该索引于 1935 年创办，由开明书店出版；1956 年、1964 年，由中华书局再次印刷出版。该索引专用于检索《二十五史》，尤其适用于开明版的《二十五史》相关人物。《二十五史人名索引》汇聚了《二十五史》中包含的本纪人名、世家人名、列传人名以及载记里的人名。

《二十五史人名索引》中所有人名全部按照四角号码检字法进行编排，并且在对应的姓名下面标注史书名称、卷名以及《二十五史》（开明版）的总页数以及栏数，同时将"笔画索引"附在书末位置。

B.《古代人物别名索引》

该索引于 1937 年创刊，由岭南大学出版；1982 年，上海书店出版其影印本；1982 年，长春古籍书店出版其影印本。《古代人物别名索引》收录截止到 1936 年的古今 4 万余人的 7 万余条别名信息，凡是原名、谥号、别字、别号、

帝王庙号、斋舍自署、文学家笔名、爵里称谓以及书画家题识等相关信息全部载入。该索引根据编者自己编制的规则进行排序，亦即按照第一个字的起笔笔顺"横、直、点、撇、曲"的先后顺序排序。在《古代人物别名索引》的书前编有"参考书目"，"笔画检目"排在其书后。《古代人物别名索引》和《室名别号索引》相互配合使用，检索效率会更高。

(3) 地名索引，如《三国志地名索引》等

《三国志地名索引》，根据《三国志》点校本（由中华书局于 1959 年出版），采用四角号码检字法编排而成，由中华书局于 1980 年出版，同时附有"笔画索引"。凡是某个地名有另外的名称的，则以最经常用的地名名称作为主目，其他地名名称作为参见条目，主目和参见条目两部分内容分别列出，参见条目标注在主目后面。

(4) 篇目索引

A.《十通索引》，1937 年商务印书馆编辑出版，1988 年浙江古籍出版社出版其影印本，该索引专用于检索《十通》。《十通索引》包含"分类索引"以及"四角号码索引"两部分内容。其中，"分类索引"分别对三通志、三通典以及四通考的具体目录进行汇集，并对其进行分类编排，分为通志部、通典部以及通考部三编；"四角号码索引"，是将《十通》所刊载的所有条目，全部按照第一个字的四角号码进行编排，并且标明文献资料的出处。《十通索引》只能和同步影印的《十通》配合使用。

B.《马克思恩格斯全集分类专题索引》，分为两大部分，一部分是马克思和恩格斯的著作，分为 18 个大类；另一部分则是马克思和恩格斯之间来往的书信。

(5) 书目索引

A.《孔子研究论著索引》，收录了从 1900 年到 1983 年 6 月，490 余种报刊发表以及公开出版的孔子研究论文及专著，该索引根据所收录文献内容的不同分为九大类。

B.《唐五代人物传记资料综合索引》，由中华书局出版发行，于 1982 年创办。该索引作为大型工具书，收录较为完备，共收录人物近 3 万人。该综合索引分为"姓名索引"和"字号索引"两部分内容，均根据四角号码检字法进行编排，《唐五代人物传记资料综合索引》一书的后面附有"笔画与四角号码对照表"以及"唐五代人物传记资料综合引用书表"。

2. 报刊索引

报刊索引，通常指的是将报刊中涉及的有关内容进行提取和摘录，并且将提取和摘录内容作为排检标识进行编制而形成的索引。可分为3类。

（1）期刊索引，如《内部资料索引》等

《内部资料索引》，于1980年12月创刊，为月刊，专门用于检索内部资料，是由上海社会科学院图书馆出版发行的一部工具类书刊。该索引主要收录两大部分内容：一是社会科学类的国内内部交流文献资料；二是部分国内内部发行的期刊所刊载的相关文献资料。《内部资料索引》按照《中国图书馆分类法》规定的大类进行编排，大类下的各个子类则根据各自文献资料的特点再进行另外设置。《内部资料索引》被称为《全国报刊索引》的补编。

（2）报纸索引

《人民日报索引》，该索引创刊于1948年6月15日，1951年1月开始进行编辑印制，每个月出版1册。在1960年，对于1948年6月15日至1950年的索引，陆续进行补编出版。

《光明日报索引》，于1954年开始编印，每月出版1册，按类进行编排，刚开始出版时分为社会科学、人民教育等15个大类，后来做了重大调整，分6个大类出版发行。

（3）报刊索引

《全国报刊索引》，该索引为报刊篇名索引，是一种大型的综合性索引，由上海图书馆出版发行。该索引于1951年创刊，是双月刊，名为《全国主要期刊资料索引》。自1956年2月开始，因该索引内容增加了报纸的相关文献资料，为和内容相一致，其名称调整为《全国主要报刊资料索引》。发展到1956年7月，该索引由双月刊调整为月刊。1966年9月至1973年10月，该刊处于停刊状态。1973年10月以后，该刊恢复刊行，其名称调整为《全国报刊索引》，亦即目前使用的名称。自1994年起，《全国报刊索引》光盘版发行。该索引采用题录的方式，对国内8000余种公开发行以及内部发行的期刊、报纸予以报道，月报道量1.8万余条，年报道量44万余条。该索引正文分类编排，每期前面有"分类目录"，后面附有"团体著者索引""个人著者索引"以及"收录期刊名录"和"题中人名分析索引"等。

《报刊资料索引》，于1980年创刊，其原名为《复印报刊资料索引》，目前已成为社会科学方面的重要检索工具。自1983年开始，因增加了收录内容，故同步调整名称为《报刊资料索引》，该索引共收录报刊 1500 余种、论文资料 10 万余条等。《报刊资料索引》按年度出版发行，是与《复印报刊资料索引》相匹配的索引。《报刊资料索引》共包含 8 个分册的内容，每个分册均按照相应的专题分类进行编排，并且附有"著者索引""人名索引"。每个分册的出版周期不尽相同，以双月刊和月刊为主。

3. 专题索引

专题索引，专门汇聚某一个相关研究问题或者某一个专题研究领域的文献资料等。较常用的有以下几种：

《中国古代史论文资料索引》（1949 年 10 月—1979 年 9 月），于 1985 年出版发行，该索引共收录 3 万余条中国古代史论文资料。

《中国近代史论著目录》（1979—2000），由张海鹏主编，于 2005 年出版发行，共收录 1 万余条文集和专著等书目资料以及 4 万余条论文资料。在国内近代史学的研究领域中，该目录是比较系统和完整的专题研究目录索引。

《中国现代史论文著作目录索引》（1949—1981），于 1986 年出版发行，由荣天琳主编，共收录 1949 年 10 月至 1981 年 12 月间的 2 万余条国内发表和出版的著作、论文和史料。

《建国以来中国史学论文集篇目索引初编》，于 1992 年出版发行，由张海惠、王玉芝共同编写，共收录了 1000 余种中国在 1949 年至 1984 年出版发行的史学类论文集以及 1.5 万余条论文篇目。

《世界通史论文资料索引》，收录 1949 年至 1984 年 9 月刊载的文献资料，由复旦大学出版社出版。主要包括与世界史相关的论文、译文以及其他资料。本索引共分为上、中、下 3 册。

4. 会议录索引

所谓会议录索引，指的是一种专门的检索工具，主要用于对会议文献的揭示。会议文献较其他出版物能更迅速、更专业地呈现前沿学科的发展动向以及相关成果。

5. 引文索引

该索引是将文献后面所附的参考文献的题目、作者以及出处等内容，根据引证和被引证的关系按照一定规则进行编排而形成的索引。引文索引可以从多角度揭示学科之间相互交叉渗透的关系，可以为用户更有效地提供边缘学科相关研究成果。如《中国引文索引》等。

三、文摘

（一）文摘概述

文摘，又称"提要索引"，是以简明扼要的文字对原始数据以及文献的主要内容进行摘述，并且按照一定的著录规则编排，供读者查阅的文献检索工具。文摘既能准确客观地报道文献，又具有检索文献的功能。

文摘，最早在苏美尔文化时期便初具雏形，在公元前3600年，人们就利用湿黏土表面来记录楔形文字。《通鉴纪事本末》，由南宋袁枢编辑，为中国首部纪事本末体史书，开创了我国文摘之先河。1830年，世界范围内首部科技文摘杂志《化学总览》在德国创刊问世。在西方社会科学领域内，《心理学文摘》（美国，1927年出版）被人们称为首部文摘出版物。1939年，法国创办了全学科综合文摘。1953年，苏联创办了文摘杂志，该杂志涵盖了自然科学全领域。到了20世纪初，世界范围内期刊发行的文摘杂志数量已有60余种。目前，世界文摘刊物已达3500余种。

（二）文摘分类

1. 根据文献来源的不同，文摘可以划分为书摘（如《中外书摘》等）和报刊文摘（如《教育文摘》等）。

（1）书摘

所谓书摘，亦即提炼过的"书中精华"，是对书籍类文献的摘编，并且有选择地引用和编辑。

《中外书摘》，于1986年创刊，为月刊，是我国创办时间最早的书摘杂志。为契合不同的阅读主题，出版有《中外书摘》（经典版）和《中外书摘》（新睿版）两种版本。

（2）报刊文摘

所谓报刊文摘，即对报刊类文献进行摘编，并且有选择地引用和编辑。

《教育文摘》，于1935年创刊，英文版，每年出版9期。每期刊登20余篇文摘，涵盖从初等教育到高等教育不同教育层次的较为详尽的文摘内容。除此之外，《教育文摘》还刊载"华盛顿的教育""教育简讯""新的教育学资料""教育知识测验"4个附录内容。

2. 根据文献不同的摘录范围，可以划分为专门性文摘和综合性文摘两大类。

（1）专门性文摘

专门性文摘，指的是对于某一个学科专业领域或者知识门类相关文献的摘编，专门用于报道某类专题文献。如下面两种文摘：

《高等学校文科学术文摘》，双月刊，于1984年创办。创刊时的刊物名称为《高等学校文科学报文摘》，自2003年起，改为现名。在哲学社会科学领域内，该文摘属于大型的综合性刊物。根据学科领域的不同，按照哲学、政治学、经济学、教育学、历史学、法学、文学艺术、语言文字学和民族学等不同的学科分类进行编排。

《现代外国哲学社会科学文摘》，于1958年创办，由上海社会科学院情报研究所出版发行。1964年，该文摘停刊，后又于1980年恢复刊行。

（2）综合性文摘

综合性文摘，是指对多学科领域或者知识门类相关文献的摘编。因其覆盖面广，很大一部分的综合性文摘则按照学科或者专题划分为不同的分册。如下面两种文摘：

《新华文摘》，于1979年1月创刊。自1981年起，名称由《新华月报》（文摘版）调整为《新华文摘》，亦即现名。自2004年起，改为半月刊。该刊集综合性、学术性、资料性于一身，是我国首部具有权威性的文摘刊物，被誉为"小型阅览室"。

《中国社会科学文摘》，于2000年2月创办，为双月刊，由中国社会科学杂志社编辑出版。在社会科学领域内，凡是在全国报刊上发表的较为重要的文章，该文献均进行摘录，主要用于报道国内外最新的社会科学研究状况，对于对重大的理论问题以及现实问题有真知灼见的学术类成果予以体现，对于具有导向作用的热点问题以及前沿课题进行密切跟踪，对于在学术发展以及学科建设方面有一定创新和突破的著作精髓进行精心提炼。

3. 根据不同的文献载体形式，可以划分为卡片式文摘、书本式文摘以及文摘报等类型。书本式文摘、文摘报和卡片式文摘，均是以书册或者活页（单页）的形式印刷发行，都属于册页式文摘范畴。

（1）卡片式文摘

卡片式文摘，是一种文摘检索工具，通常利用卡片作为载体，首先将文献摘要记载在卡片上，然后再按照特定的规则进行排列而成。如2008年编辑出版

《社会学文摘卡》等。

（2）书本式文摘

书本式文摘一般是指文摘的连续出版物以及由文摘汇集而成的图书，如《化学文摘》等。

《化学文摘》（CA），是最大的化学文摘库，于1907年创刊，收录万余种期刊文献。在全球范围内，《化学文摘》是目前最为重要和最为广泛应用的检索工具。

（3）文摘报

文摘报一般是指以报纸形式出版发行的文摘，如《文摘报》《文摘周刊》等。

《文摘报》，属综合性的文摘类报纸，曾经于1981年1月23日进行试刊，该报纸的正式创刊时间为1981年10月6日。其主办单位依次为人民日报社、光明日报社。《文摘报》设有专版和专栏，专版如法制纵横、学林漫步、社会广角、环球博览、时政要闻、人间万象、文化广场、人物长廊和健康之友等十余个；另外，还设有相应的专栏几十个。

《文摘周刊》，于1981年4月创刊，安徽日报社主办，是安徽省唯一的综合性文摘报。《文摘周刊》主要摘录全国范围内的书籍和报刊等有价值的文献资料。

4. 根据文摘编写方式的不同，分为以下4大类。

（1）题录式文摘

题录式文摘，通常指的是仅仅对于文献的篇名、著者、出处及文种等外表特征进行著录，除极少的简单说明或注释外，对文献的原文内容不做具体介绍。如《机械制造文摘》和《中国电子科技文摘》等。

《机械制造文摘》，于1956年创刊，1967年至1973年该文摘停刊，1973年恢复刊行，为双月刊。自1980年始，分为4个分册出版，分别是锻压分册、铸造分册、焊接分册和机床分册。从1982年起，该文摘又恢复了零件与传动分册、材料与热处理分册的出版发行。其正文以文摘为主，文摘、题录和简介3种方式相结合，并按类进行编排，内容以选用国外机械制造领域的期刊文献为主。

《中国电子科技文摘》，由电子科技情报所编辑出版，为双月刊，该文摘是查找电子技术领域科技文献最主要的工具书。《中国电子科技文摘》的前身是

《电子技术中文资料目录通报》（1974年5月创刊），于1978年改名为《电子技术与自动化》分册；1980年1月，再次改名为《电子技术》分册；1980年8月，停刊；1981年1月，更名为《中文电子科技文摘》；1982年1月始，改名为《中国电子科技文摘》。该文摘主要用于报道电子科技领域的内部资料（中文）、期刊和图书等各类文献资料。该文摘每年第一期刊登全部的类目，每一期的后面都附有当期"新增期刊一览表"或者"引用刊名字顺索引"，每年的最后一期附有"全年引用期刊一览表"。

（2）报道性文摘

报道性文摘，信息量大，参考价值高，全面、真实、简明地反映文献重要内容，是文献原文内容的浓缩，是对一次文献主要观点、研究方法、结论的概述，比较适用于科技报告、学术论文以及专利说明书等，字数一般控制在200—300字。如《管理科学文摘》《分析化学文摘》等。

《管理科学文摘》，于1981年创刊，为月刊，是中国综合性管理类杂志中最具有影响力的权威杂志，该文摘以文摘和简介的形式，对于国内外管理科学领域的最新研究成果进行准确、及时和全面的报道。

《分析化学文摘》，于1954年创刊，由英国皇家化学学会（The Royal Society for Chemistry）出版，是收录有关分析化学文摘最全面的专门工具书。《分析化学文摘》每年出版1卷、共12期（每月出版1期），该文摘有光盘版和印刷版两种不同的载体形式，在卷末均附有包含作者索引和主题索引两部分索引内容的"年度索引"。该文摘收录了1300余种期刊、专著、标准、会议论文和技术报告等，能提供包含无机化学、有机化学、药物化学、环境农业等在内的所有涉及分析化学的文献。

（3）指示性文摘

指示性文摘，又被称为描述性文摘或简介性文摘，主要用于对文献的基本观点和主要内容进行揭示，原则上不对具体的事实、结论等信息予以涉及，旨在为读者提供一个文献范畴和内容的扼要说明。如《中国农业文摘》和《中国医学文摘》等。

《中国农业文摘》，于1981年创刊，主要收录具有较高学术水平的文献文摘，这些文摘均来源于200余种国内公开发行的农业及农业相关期刊。自1985年起，《中国农业文摘》分为7个分册陆续出版发行，7个分册均为双月刊。①《粮食与经济作物》分册，于1985年2月创刊；②《农业工程》分册，于

1989 年创刊；③《兽医》分册，于 1985 年 2 月创刊；④《水产》分册，于 1985 年 3 月创刊；⑤《畜牧》分册，于 1985 年 1 月创刊；⑥《园艺》分册，于 1985 年 2 月创刊；⑦《植物保护》分册，于 1985 年 2 月创刊。

《中国医学文摘》，于 1982 年创刊，共出版了 18 个分册。

(4) 评论性文摘

评论性文摘，又称批判性文摘，一般是指从评述或者批判的角度对文献内容进行摘录而形成的文摘。评论性文摘一般会带有个人的观点，一般不采用。

第二节　纺织文献检索型系统

一、文献检索体系概述

在我国，文献检索刊物体系的构建，其发展历程由翻译到自编。从 1956 年开始，我国便着手翻译并出版《文摘杂志》（苏联），经过近 10 年的迅猛发展，到 1965 年，检索刊物已多达 139 种；在 1980 年，中国制定《关于建立健全我国科技文献检索刊物体系的方案》，当年，就有 137 种检索刊物纳入体系之中；发展到 1987 年，我国的检索刊物迅速增加，数量已多达 229 种，与此同时，其年报道量也高达 147 万余条。至此，我国文献检索刊物体系已基本建立。

按照其报道范围的不同，我国的检索体系可以分为国内和国外两个系列，对于每一个系列而言，都包含多种类型不同的检索刊物。

（一）国内系列

1.《中文科技资料目录》

该目录又简称《中目》，是国内中文科技文献资料检索的重要工具，主要通过题录的形式来报道国内出版的中文期刊以及会议录等文献资料，其正文按照《中国图书资料分类法》进行编排，方便读者查阅。

《中文科技资料目录》于 1973 年创刊。1979 年底，《中文科技资料目录》出版的分册达到 22 个，具体包括综合科技、基础科学分册（于 1978 年创刊，双月刊）；电力、电工、原子能分册（于 1978 年创刊，1982 年停刊，双月刊）；电子技术与自动化分册（于 1978 年创刊，双月刊，1980 年 8 月停刊）；地质分册（于 1978 年创刊，双月刊）；医学分册（于 1978 年创刊，双月刊）；中草药分册（于1978年创刊，季刊）；化学工业分册（于1978年创刊，双月刊）；冶金分册（于1978年创刊，双月刊，1982年停刊）；机械、仪表分册（于1978年创刊，季刊，1982年停刊）；纺织分册（于1978年创刊，季刊）；建筑材料分册（于1978年创刊，季刊）；水利水电分册（于1978年创刊，季刊）；铁路运输分册（于1978年创刊，双月刊）；公路、水路运输分册（于1978年创刊，季刊，1984年起两个分册出版）；环境科学分册（于1978年创刊，双月刊，已停刊）；矿业工程分册（于1978年创刊，季刊，已停刊）；农业分册（于1978年创刊，季刊）；农业机械分册（于1979年创刊，季刊）；林业分册（于1979年创刊，季刊）；船舶工程分册（于1979年创刊，季刊）；建筑工程分册（于1979年创刊，双月刊）；测绘学分册（于1979年创刊，季刊）。

随着时间的推移，有若干分册转为文摘单独编辑出版。

2.《中国××文摘》

为了与学科发展更好地适应，部分文摘性检索刊物陆续从原来的《中文科技资料目录》独立出来，如《中国纺织文摘》《中国数学文摘》和《中国化工文摘》等。

（1）《中国纺织文摘》

1988年，为了与纺织学科领域科技情报检索的发展相适应，《中文科技资料目录——纺织》分册正式独立发行，同时，名称更改为现名，即《中国纺织文摘》，双月刊。

（2）《中国数学文摘》

该文摘于1987年创刊，由中国科学院文献情报中心创办，1987年至1991年为季刊，自1992年起，由季刊调整为双月刊。《中国数学文摘》主要报道我国在数学领域的最新研究进展以及教学成果，主要收录我国科研人员在国内外正式出版物发表的论文。该文摘包含三部分内容：正文、目次和辅助索引。

《中国数学文献数据库》（简称CMDD），于1995年正式建成，是国内最具专业化、规模最大的数学文献数据库。该数据库收录了国内外期刊中由我国学者正式发表的数学和应用数学相关领域的论文文摘，以及会议录和专著的相关文摘等信息。

（3）《中国化工文摘》

主要报道化学化工类期刊、高等院校以及学会学报发表的相关文献，是主要用于查找中国化学化工类相关文献的检索工具。该文摘于1983年创办，双月刊发行，自 1986 年开始，其出版周期由双月刊调整为月刊，每年出版 1 卷。

（二）国外系列

1.《国外科技资料目录》

该目录又简称为《外目》，是由我国出版的大型题录式检索工具，主要用于国外科技情报的检索。《国外科技资料目录》以题录形式为主，简介和文摘为辅，三种形式相互融合，主要用于报道国外科技期刊、会议论文、研究报告以及特种文献等文献资料。

《国外科技资料目录》于 1957 年创刊，创刊时名为《国外期刊论文索引》。在 1962 年，更名为《科技文献索引——期刊部分》。在 1965 年，该期刊与《科技文献索引（特种文献部分）》调整合并后出版，总共包含 30 个分册，每一期都把特种文献和期刊论文分开排列，于 1966 年停刊。随着有些分册的相继复刊，在 1973 年以后，该期刊名称调整为《国外科技资料索引》。1977 年以后，更名为现名，亦即《国外科技资料目录》，该刊物最多高达 37 个分册出版发行。

近年来，《国外科技资料目录》的变化比较大，其中一部分分册已经先后调整为文摘刊物出版发行，还有一部分分册停刊，一部分分册与其他刊物进行合并，截至目前仅有部分分册仍在出版发行。

在著录格式、编排结构、检索途径以及检索方法上，《国外科技资料目录》与《中文科技资料目录》基本保持一致。

2.《国外××文摘》或者《××文摘》

以文摘为主，以题录和简介为辅，三种形式相结合，用于重点报道国外文献的检索刊物。其中，部分是由《国外科技资料目录》发展而来的，如《纺织文摘》等。

二、国内纺织文献检索工具

国内纺织文献检索工具，重点介绍《纺织文摘》《中国纺织文摘》，其他的则做简要介绍。

（一）《纺织文摘》

1. 概况

《纺织文摘》原名为《国外科技资料目录——纺织》，于 1978 年创刊，于 1980 年改名为《纺织文摘》，为双月刊。该文摘由上海纺织科学研究院出版发行，是专门用于报道国外纺织类文献的重要检索期刊。其内容主要来自国外 80

余种纺织科技期刊,每期的报道量为700余个条目。同时,为方便读者,在每年第6期《纺织文摘》后面还附有年度主题索引和著者索引。

2. 文摘编排

《纺织文摘》采用标准化编排与著录,文摘正文根据《中国图书资料法》进行分类编排,共分为11个类目。详见表3-1。

表3-1 《纺织文摘》类目设置

TS1	纺织染整工业(Comprehensive Views on Textile Industry)
TS10	纺织材料及纺织工业一般性问题(Generalideas of Textile Materials and Engineering)
TS11	棉纺织(Cotton Spinning and Weaving)
TS12	麻纺织(Bast Fibres Spinning and Weaving)
TS13	毛纺织(Wool Spinning and Weaving)
TS14	丝纺织(Silk Reeling and Weaving)
TS15	化学纤维纯纺织(Man-made Fibres Spinning and Weaving)
TS17	非织造工业(Nonwovens Industry)
TS18	针织(Knitting)
TS19	染整工业(Dyeing and Finishing)
TS93	服装生产(Apparel Production)

3. 年度索引

(1) 主题索引

《纺织文摘》的主题索引依据《纺织汉语叙词表》进行,按主题词汉语拼音的音序进行编排。其编排规则与《中国纺织文摘》的主题索引相同。

(2) 著者索引

著者索引按语种的不同可分西文、俄文和日文三种,均按照著者姓名字顺编排。其中,西文著者一般是姓放在前,名放在后,并按照英文26个字母的顺序进行编排;俄文著者则按照俄文33个字母的顺序进行编排;日文著者按照姓名笔画的多少进行编排。

《纺织文摘》可以为读者提供主题检索途径、分类检索途径以及著者检索途径三类检索途径,其中主题检索与分类检索的程序和《中图纺织文摘》基本一致。

(二)《中国纺织文摘》

1. 概况

《中文科技资料目录》，分为纺织、基础科学、机械、环境科学、水利水电等20余个分册，主要用于报道国内的中文期刊、会议文集、科技资料以及译文等内容。

《中国纺织文摘》于1978年创办，创刊时刊物名称为《中文科技资料目录——轻工、纺织》，双月刊发行；1982年，《中文科技资料目录——轻工、纺织》分为轻工和纺织两个分册出版发行；1988年，纺织分册的名称又调整为《中国纺织文摘》，双月刊发行。

《中国纺织文摘》为题录式检索工具书，主要以题录和文摘的形式对国内的纺织文献进行报道。该文摘每期100多页，报道量1000余个条目，其内容主要来源于国内当年度的纺织类会议论文、纺织期刊、纺织专业硕博士毕业论文以及纺织科技类图书（纺织工业出版社当年出版发行），总计170余种。对于当年由中国专利局公布的纺织类发明专利权授予以及纺织类发明专利申请公开，该文摘同时进行收录。除每年的6期文摘外，在每年的年终还编有与文摘配合使用的主题索引。

2. 文摘编排

《中国纺织文摘》共划分为22个类目（不包含纺织专利文献在内），依据《中国图书资料分类法》，首先给每一个文摘条目赋予准确的分类号，然后对于全部条目再根据分类号的顺序进行编排，读者可以根据需要进行分类检索。

自1985年开始，实行了文摘条目的标准化著录。

表3-2 《中国纺织文摘》类目设置

分类号	类目名称	分类号	类目名称
TS109	纺织工业三废处理与综合利用	TS1	纺织工业、印染工业
TS11	棉纺织	TS1-［9］	纺织工业经济
TS12	麻纺织	TS10	纺织工业一般性问题
TS13	毛纺织	TS101	基础科学与纺织试验
TS14	丝纺织	TS102	纺织纤维
TS15	化学纤维纯纺织	TS103	纺织机械与设备

续表

分类号	类目名称	分类号	类目名称
TS17	非织造布	TS104	纺纱工艺
TS18	针织工业	TS105	机织织造工艺
TS19	染整工业	TS106	各类织物
TS94	服装工业	TS107	纺织品的批准与检验
TQ34	化学纤维工业	TS108	纺织工厂

3. 年度主题索引

对文献进行主题标引，采用的是三级标引方法，是根据《纺织汉语叙词表》来进行的，在每一主标题词下列出副标题词，然后再列出顺序号。首先将全部的主标题词按照汉语拼音的顺序先后进行排列，对于每一个主标题词下的所有副标题词再按汉语拼音的音序进行排列。该索引提供了主题检索途径，并通过顺序号将检索者引导至文摘的正文部分。

（三）国内其他纺织文献检索工具

1. 《国外染料文摘》

《国外染料文摘》，季刊，于1973年创刊，在纺织染整技术领域内，该文摘是一种主要的中文检索刊物。《国外染料文摘》主要以简介和文摘两种形式，对美国《化学文摘》中的染料和纺织部分，以及相关的有机颜料、染料、中间体和助剂的合成及其加工应用等方面的文献进行报道。

《国外染料文摘》的正文的著录格式与《化学文摘》基本一致，分为七个部分进行分类编排，分别是：①期刊摘要，②染料，③有机颜料，④荧光增白剂，⑤中间体，⑥压敏染料，⑦毛发染料。此外，《国外染料文摘》还编有主题索引，因涵盖专业范围较窄，故此索引比较简单，与累积分类索引相类似。

2. 《化纤文摘》

《化纤文摘》，季刊，于1972年创刊，创刊时名称为《国外科技资料目录——化学纤维分册》。1981年，改名为《化纤文摘》，自1983年始，由季刊调整为双月刊。《化纤文摘》以简介和文摘为主，以题录为辅，三种形式相结合，对于主要化纤生产国家以及国外相关刊物的专利相关内容进行全面摘录。除了报道国外有关刊物化学纤维生产方面的科技文献资料，还提供世界范围内化纤工业发展的新动向。同时，该文摘编有年度主题索引，每一期都附有"引用外文期刊一览表"。

3. 《中国电子科技文摘》

《中国电子科技文摘》，双月刊，是文摘型检索刊物，于1981年创办。该文摘以《中文科技资料目录——电子技术》为基础，进行补充完善后重新编排并出版发行，内容涵盖整个电子技术领域。其全部的类目在每年的第一期中刊发，每一期的分类目录则依据实际报道的内容进行编排，在每一期都附有当期的"新增期刊一览表"，而"全年引用期刊一览表"则在每年的最后一期中体现。《中国电子科技文摘》实行标准化著录，附有年度主题索引，主题词源自《电子技术汉语主题词表》，有主题检索和分类检索两种检索途径。

4. 《中国机械工程文摘》

该文摘为月刊，于1966年创办，创刊时名称为《机械科学技术简介》。1982年，刊物名称由《机械科学技术简介》调整为《中国机械工程文摘》，对于与仪器仪表、机电产品、设备、自控技术、制造工艺、测试、材料和基础理论等内容有关的中文文献资料进行报道。其正文部分按类进行编排，采用标准化著录，年底出版主题索引，根据《机械工程主题词表》选择主题词。

5. 《中国化工文摘》

该文摘为双月刊，于1983年创刊，是查找国内化学化工类科技文献的重要检索工具。自1986年始，由双月刊调整为月刊。每年1卷，该文摘主要报道化学化工类期刊、各高校以及学会学报刊发的文献资料，还对化学化工类重大科研成果、学位论文、图书、专利等文献资料予以报道。其正文部分根据《中国图书资料分类法》按类进行编排，文摘款目按照标准化著录。

《中国化工文摘》的索引体系较完善，有年度主题索引、著者索引和分类索引三大类索引，其主题索引根据《化工汉语主题词表》所列的主题词进行标引，著者索引按照著者姓名进行检索，分类索引则是按照《中国图书资料分类法》进行标引和排检。

6. 《国外电子科技文摘》

该文摘为月刊，于1981年创办，内容涵盖整个电子技术领域。该文摘的类目设置与《中国电子科技文摘》一致，其正文部分按照类别进行编排，所有类目会在每年度的首期进行刊发，每一期的分类目录则依据实际报道的内容进行编排。《国外电子科技文摘》第一期的正文后面会附有"收录期刊目录"，而

"会议录及技术报告来源索引"则在每一期的正文后面进行体现，同时标明与之对应的馆藏索取号。该文摘实行标准化著录，附有年度主题索引，主题词源自《电子技术汉语主题词表》，有主题检索和分类检索两种检索途径。

三、国外纺织文献检索工具

本部分内容重点对《世界纺织文摘》（英国）和《纺织技术文摘》（美国）进行介绍，其他则做简要介绍。

（一）英国《世界纺织文摘》（*World Textile Abstracts*）

1. 简述

英国《世界纺织文摘》，简称 WTA，为文摘型检索工具，于 1923 年创刊，在世界纺织学科领域内，该文摘的历史是最为悠久的。该文摘原为《纺织学会志》（英国，1918 年）的文摘分册部分，于 1923 年从中独立出来，单独出版发行；1967 年，文摘名称调整为《纺织文摘》，月刊；1969 年，正式更名为《世界纺织文摘》，由月刊调整为半月刊。其卷号重新进行调整，从序号"1"开始编排；自 1990 年起，由半月刊调整为月刊，卷号编排继续沿用。WTA 中针织部分的文摘编制成独立的分册（Hosiery Abstracts），简称 HA，每个月出版 1 期，每年出版 12 期，于 1982 年停刊。

WTA 的内容来源于 700 余种纺织科技期刊，主要由英、美、德、日以及中国等出版发行，除此之外，还收录有纺织专利、图书、科技报告以及标准等文献资料。该文摘对于世界纺织行业在生产工艺、纤维新材料开发、纺织工程教育等领域的最新进展进行及时报道，年报道量为 8000 余条。

WTA 在每年的年终还单独出版年度索引，其年度索引有主题索引、著者索引和专利索引三种形式，自 1990 年起，专利索引被取消。

2. 文摘编排

WTA 文摘正文部分按照自编分类进行编排，共设 10 个大类、35 个小类（1990 年前为 49 个小类）。大类按纺织生产工艺流程顺序进行编排；在同一个小类中，文献则是按照期刊论文、会议论文、图书、标准的顺序进行编排，而且，专利是在每一大类的最后进行集中编排。WTA 每一期的页首均有大类分类表，每年的第一期有大类、小类分类详表（Classification）和期刊表（Periodicals）供读者查阅，在其他各期中只提供大类目次。

表3-3 《世界纺织文摘》分类类目表

序号	类目名称	包含内容	备注
1	纤维生产和性能	①植物纤维（棉、麻） ②动物纤维（羊毛、丝） ③化学纤维 ④其他 ⑤专利等	—
2	纱线生产和性能	①纤维准备 ②纱线和加捻 ③变形和加工 ④其他 ⑤专利等	—
3	织物生产和性能	①织造准备 ②织造 ③针织 ④花边 ⑤刺绣 ⑥结网 ⑦编结 ⑧黏合 ⑨植绒和层压 ⑩其他 ⑪专利等	—
4	化学加工和整理	①前处理 ②染色和印花 ③整理 ④其他 ⑤专利等	—
5	产品生产、性能、后续加工	①成衣 ②商标及包装洗涤和干洗 ③专利等	—
6	设备维护与环境	①空调 ②供水 ③污水处理 ④废物处理及回收 ⑤专利等	自1997年起，第6大类划分为两个大类：一是设备维护和计算机控制大类，包括设备维护、计算机辅助生产、空调、专利；二是环境与生态大类，包括污水处理、废物处理、再循环、立法与条例、专利
7	经营管理	①生产管理和人员管理 ②市场 ③经济 ④专利等	同时，第7大类也发生变化，在经营管理中，涉及经济信息、生产管理、人员管理、市场、经济统计、公司和商业信息等

续表

序号	类目名称	包含内容	备注
8	分析、实验、质量控制	①数学和统计方法 ②物理方法 ③生物方法 ④专利等	—
9	聚合物科学	①蛋白质 ②纤维素和纤维素衍生物 ③聚酰胺 ④聚酯 ⑤聚乙烯衍生物 ⑥聚烯烃等	—
10	总论	①一般纺织技术 ②会议 ③展览会 ④调查研究 ⑤厂名录 ⑥字典 ⑦图书消息等	—

3. 年度索引（Annual Index）

（1）主题索引（Subject Index）

1990年前，WTA的主题词仅有3000余个，其主题索引采用主题词标引，主题词分一级主题词和二级主题词，每一条检索标识分别由主题词、说明语、语种代码和文摘号构成。其中一级主题词包含纺织原材料、纺织原材料纺织品、生产与处理工艺、工艺设备、工艺助剂等；二级主题词包含纺织原材料、工艺设计等，纺织品特性，国际著名的厂商、产品等。

1990年后，WTA的主题索引改为关键词标引，主题索引的每一条检索标识均由若干组的关键词和文摘号构成，组间的关键词之间用"；"隔开。对每一组而言，首个词描述研究对象，后面的词则起着说明的作用，词间用"，"隔开。对于非英文文献，主题索引则在该条目后文摘号前标明原文的语种，英文文献不做标注。如果在文摘号后面标有字母"P"这种标识，则表明该文献是专利文献。

（2）著者索引（Author Index）

该索引的编排顺序是按照著者的姓名字顺排列的。所谓著者，既包括个人著者的形式，也包括团体著者的形式，还有专利权人以及专利发明人等形式。其中个人著者规则为姓前名后，如果是由多个著者共同合作完成的文献，则该文献在任意一个著者名下均能检索到。

著者索引的著录内容和著录格式以 1990 年为时间节点，前后有所不同。在 1990 年之前为"著者姓名+文献篇名+文摘号"，而在 1990 年之后，格式调整为"著者姓名+文摘号"，"文献篇名"不再呈现。

（3）专利索引（Patent Index）

在 1983 年前后，WTA 收录的范围有所不同，1983 年之前，仅仅收录了美国和英国的专利，而在 1983 年之后，收录范围增加了欧洲专利，故该索引仅用于查找美国、英国以及欧洲的专利。各国专利的标识有所区别，美国专利标识为"USP"，英国专利标识为"GB"，欧洲专利标识为"EP"。但是从 1990 年开始，便取消了专利索引这一检索方式。

WTA 的专利索引以表格形式呈现，分为美国、英国以及欧洲专利三大部分，其编排格式相同，左边一列为对应的专利号，右边一列为该专利在 WTA 中对应的文摘号，WTA 专利索引是按照专利号由小到大的顺序进行编排的。

（二）美国《纺织技术文摘》（Textile Technology Digest）

1. 概况

美国《纺织技术文摘》，简称 TTD，于 1944 年创刊，为月刊。

TTD 的内容主要来源于世界范围内各个国家的纺织类科技期刊，除此之外，还对纺织相关的图书、专利以及会议录等文献进行收录。

从 1984 年开始，TTD 出版《服装、缝纫、贸易文摘》（Apparel, Needle, Trades Digest），简称 AND，对服装、缝纫以及贸易等方面的文摘加以整理，并进行相对集中的编排，AND 的文摘号与 TTD 相同，同时，其索引还是 TTD 的索引。

自 1978 年 1 月开始，TTD 出版了书本式检索工具之外的计算机检索磁带，在世界最大的国际联机检索系统（DIALOG 系统）中存储，文档号 119。

TTD 文摘月刊包含分类目次表、文摘正文、专利一览表（在 1985 年之后取消）以及期著者索引四部分内容。除文摘月刊外，TTD 还有年度索引。

2. 文摘编排

自 1945 年第 2 卷开始，按照自编分类进行编排，分 14 类；自 1949 年第 6 卷开始，按照英文字母顺序进行编排，分为 9 类；TTD 的文摘正文、专利一览表均按照自编分类进行编排，自 1990 年，分为 9 个大类和 33 个小类。

表3-4 《纺织技术文摘》分类类目表

序号	类目名称	包含内容
1	纤维 （纤维间的比较，纤维工业）	①天然纤维（收割—打包，性能） ②化学纤维（挤压，性能，纺丝油剂，原丝结构） ③纤维处理（牵伸，丝束切断）
2	纱线生产 （粗毛纺、精毛纺、棉纺系统加工）	①纱线前处理（开松，粗纱，混合，牵引，纤维润滑剂，丝束成条） ②纱线构成（纺纱，加捻，并线，条子直接纺纱） ③纱线改性（含湿，定型，变形） ④纱线（性能、类型）
3	织物生产 （织物工业，针织厂和袜厂）	①织物前处理（络纱，整经，浆纱） ②织造（梭织物设计） ③针织（针织物设计，编带、钩编、袜类生产） ④特殊织物的生产方法（编织，层压，非织造织物，簇绒，织—编联合） ⑤织物（织补，性能，类型）
4	整理 （一般纺织化学，染整工厂）	①整理前处理（退浆，漂白，碳化，丝光，洗涤，烧毛） ②着色（染色、配色、印花、染整、整理一步化、颜料） ③化学整理（耐久定型，洗可穿，防水，浸渍法，洗涤） ④机械整理（涂层，预缩整理，脱水，植绒，热定型，缩绒，起绒）
5	最终产品 （服装，地毯，家用织物）	①织物加工（裁剪、缝纫、熨烫、刺绣、拷边、热焙） ②水洗、干洗及管理（浆洗，干洗，管理标记） ③服装，家用织物，地毯（使用须知，性能，穿着，袜类，家政，另售）
6	测试和计量 （重点在方法）	①纤维（纤维的组合） ②纱线（条子，粗纱） ③织物 ④其他（化学，测色，相对湿度）

续表

序号	类目名称	包含内容
7	企业实践 （纺织工厂，组织）	①经营，服务（管理，行政，销售，人事，职工培训，市场营销） ②工程实践（计算机，工业工程，生产率，自动装置，统计方法，工作研究） ③工厂设备（空调，动力，厂房，一般纺织机械） ④环境污染和劳动保护（医药，供水，三废处理，噪声，安全） ⑤消费者的健康和安全（可燃性，致癌物，安全）
8	科学 （除纤维、纱线和织物外）	①化学（包括化学反应） ②物理学和生物学（分子量，结构，性能，X射线）
9	杂录 （纺织工业）	①贸易（协议，出口，进口） ②一般（会议，教育，情报，调研）

3. TTD 的索引

TTD 的索引分为期索引和年度索引两大类。

（1）期索引

TTD 每一期的文摘后面都会附有本期的著者索引，著者既可以是团体，也可以是个人或者厂商。著者索引通常是按照著者的姓名顺序进行编排的，著者姓名的排列一般是姓前名后的方式，文摘号则列在著者姓名之后。

（2）年度索引

年度索引又分为主题索引、著者索引和专利索引三大类。

①主题索引

TTD 的主题索引一般由三部分构成：一级主题词、文摘号和说明语。在标引和编排上，与 1990 年前的 WTA 主题索引类似。

②著者索引

期著者索引和年度著者索引二者在编排和著录方式上是相同的，其区别在于：期著者索引仅仅是将当期某位著者的文献线索进行汇集，而年度著者索引是将本年度内某位著者发表的所有文献线索都汇聚到他的名下。TTD 著者索引一般由著者姓名和文摘号构成，没有说明语。

③专利索引

就收录专利文献的范围而言，TTD 要比 WTA 广泛得多，涵盖美国、英国、澳大利亚、比利时和日本等国家的专利。首先按照国家名字顺序编排，在同一国家之下再按照专利号的顺序进行排列，排在专利号后面的是与之相对应的文摘号。但在 1985 年之后，该刊不再收录专利，随之而来的专利索引也相应取消。TTD 专利索引一般由国家、文摘号和专利号三部分构成。

（三）国外其他纺织文献检索工具

1. 俄罗斯《文摘杂志》

（1）概述

俄罗斯《文摘杂志》，于 1953 年创刊，是世界范围内具有最大报道量、收录最多出版物、覆盖面最广的综合性检索工具。《文摘杂志》收录了世界范围内多个国家多种语言的科技文献资料，共涵盖 130 多个国家和地区，涉及 66 种语言文字；其内容包含图书 1 万余种、期刊 2.2 万余种、发明证书和专利 15 万余件、连续出版物千余种，以及科技报告、会议录和标准等，《文摘杂志》的年报道量高达 13 万余条。《文摘杂志》是世界三大综合性文摘杂志之一。

（2）发展历程

《文摘杂志》发展非常迅速，在 1958 年之前，仅出版发行单卷本；1953 年创刊时，出版发行《力学》《化学》《数学》和《天文学》四种单卷本；1954 年，出版发行 5 种单卷本；1955 年，出版发行 8 种单卷本。

在 1958 年之后，三种形式同步出版发行，一种形式为"综合本"，一种形式为"分册本"，还有一种形式为"单卷本"。其中，每一部"综合本"都是由多个"分册本"构成，所有"分册本"的内容在"综合本"中全部体现；单卷本独立发行，其内容也未被"综合本"所包含。

1964 年，25 种综合本出版发行，共包含 127 个分册，同时独立发行 30 个单卷本。1977 年，26 种综合本出版发行，共包含 148 个分册，同时独立发行 48 个单卷本。1983 年，28 种综合本出版发行，共包含 165 个分册，同时独立发行 56 个单卷本。1989 年，29 种综合本出版发行，共包含 178 个分册，同时独立发行 61 个单卷本。1990 年，31 种综合本出版发行，共包含 190 个分册，同时独立发行 60 个单卷本。1994 年，27 种综合本出版发行，共包含 206 个分册，同时独立发行 47 个单卷本。

（3）编排体系

该杂志由两大部分内容构成，其中一部分内容为期文摘，另一部分内容为年度索引。"单卷本""分册本"和"综合本"三种形式均按照分类体系进行排列，编排结构基本一致，都是先按照大类进行编排，在每一个大类下面，又根据一定的规则分成许多个小类，各个小类所包含的文摘均按照文摘号的顺序进行编排。"综合本"和"单卷本"均按照此分类体系制定该专业的标题分类表，同时在每一种文摘杂志每年的第一期上予以刊发，而对于每一条文摘，则根据国际十进分类法列出相应的类号。

《文摘杂志》所有的文摘均按类编排，三种不同形式的文摘编排方式具体如下：

① "综合本"

其文摘主要包含九部分内容：第一部分，分册的分类详表，该详表一般在每年的第一期体现；第二部分，分册的主要出版物，包括定期出版物以及连续出版物；第三部分，文摘专用的各种缩略词表，该词表通常在每年的第一期体现；第四部分，文摘的正文；第五部分，目次表；第六部分，引用期刊以及连续出版物的索引；第七部分，期主题索引；第八部分，期著者索引；第九部分，英文目次表。

② "分册本"

"分册本"与"综合本"的文摘内容基本一致，不同的是，"分册本"没有综合卷分表以及部分的索引内容。

③ "单卷本"

"单卷本"文摘主要包含七部分内容：第一部分，目次表；第二部分，分类表；第三部分，单卷本主要定期和连续性出版物；第四部分，文摘所用的缩略语；第五部分，文摘的正文；第六部分，英文目次表；第七部分，期专利索引。

（4）著录格式

《文摘杂志》的著录格式通常包括五部分内容：第一部分，国际十进位的分类号；第二部分，文摘号；第三部分，文摘篇名（一般采用黑体字进行排版印刷，而西文篇名则采用原文进行重复著录）；第四部分，作者姓名（一般按照姓、名、父姓的先后顺序进行排列，西文则采用原文进行著录）；第五部分，文献出处（对于汉语和日语文献，采用斯拉夫语音著录其译名，而拉丁语系则采用原文进行著录）。

《文摘杂志》各类文献出处的表示方法如表3-5所示：

表3-5 《文摘杂志》文献出处表示方法一览表

序号	文献类别	文献出处的表示
1	图书	①出版社 ②出版年 ③页数 ④开本 ⑤价格
2	期刊	①刊名缩写 ②卷 ③期 ④年 ⑤页
3	摘存手稿	①收藏单位 ②收藏年代 ③收藏号
4	专利	①机构名称 ②专利国别 ③专利分类号（国际专利分类号）④专利号 ⑤申请日期 ⑥公布日期

（5）检索方法

《文摘杂志》检索方式主要有三种：著者索引、主题索引和专利索引。

①著者索引

《文摘杂志》的著者索引分为两类，一类是拉丁文著者索引，通常是按照拉丁文字顺进行编排；另一类是俄文著者索引，按照俄文字顺进行编排。拉丁文著者索引接续排列在俄文著者索引后面，其他语系，如中文、日文等，均通过俄文音译后编排至俄文著者索引部分。通过该索引，可进一步了解著者在某一时期出版的著作情况。

检索步骤：确定著者的国别以及该著者在发表著作时所采用的文种→确定需要检索著者索引的部分→根据检索到的著者姓名和文摘号，在正文查找相应的文摘条目。

②主题索引

该索引按照主题词俄文字母顺序进行排列。对于不同的学科和专业而言，主题索引略有不同。根据学科专业的内容不同，用户可以按需选择，主题索引一般可以分为篇名式主题索引、说明语式主题索引、分类主题索引和关键词主题索引四种类型。

A. 篇名式主题索引

该索引通常由三部分内容构成：第一部分，一、二级主题词；第二部分，篇名；第三部分，文摘号。其中，一、二级主题词都是按照其字顺进行编排的，并且都附有与之相对应的分类号。

B. 说明语式主题索引

该索引通常由三部分内容构成：第一部分，主题词；第二部分，一、二级说明语；第三部分，文摘号。其顺序通常按照主题词的字顺进行编排。

C. 分类主题索引

该索引为俄罗斯《数学文摘》等专属的辅助索引。通常由三部分内容构成：第一部分，主索引"分类索引"；第二部分，副索引"分类索引系统表"；第三部分，"主题索引"。用户在进行检索时主要采用"分类索引"进行。"分类主题索引"以"分类索引"为主体，其著录内容主要包括主题词、分类号、著者和文摘号四项内容。

D. 关键词主题索引

该索引一般由多个关键词以及一级文摘号构成，采用关键词轮排的方法进行编制，各个关键词之间分别用逗号或者分号隔开，其中逗号前后的关键词同属一个综合概念，不同的综合概念用分号隔开。

检索步骤：第一步，对选定的课题进行分析，对适用《文摘杂志》卷本进行初步选定；第二步，选择合适的主题词，然后在初步选定的卷本中进行检索；第三步，用户根据检索到的文摘号再返回到文摘正文，进一步检索对应的文摘条目并进行阅读。需要注意的是：因文摘号仅能反映期次，不能反映出版年代，如利用"年度主题索引"查找文献，须记清楚出版年代。

③专利索引

专利索引往往是以各种单卷本和综合本为基础，首先按照俄文译名的国家名称字顺进行编排，再按照专利号的顺序进行编排。在已知专利号和专利所属国家的前提下，运用专利号索引来检索文献比较快捷高效。

一般来讲，专利索引分为以下三种出版形式。

A. 年度专利号索引

该索引以年作为时间跨度，将当年度收录的全部专利文献分为两大部分进行编排。第一大类：根据俄罗斯发明证书和专利号的顺序进行排列，该部分内容放在前半部分；第二大类：按照国外专利，亦即根据国外其他各个国家的俄文译名以及专利号的顺序进行排列，该部分内容放在后半部分。需要注意的是，日本专利是根据其专利公布年份的先后以及专利号的顺序进行编排的。

B. 半年专利号索引

该索引以半年作为时间跨度，在当年度的第 6 期上，对于上半年出版的六期刊物（第 1—6 期）所报道的全部专利文献按照一定的规则进行编排；在当年度的最后一期，即第12期上，对于下半年出版的六期刊物（第7—12期）所报道的全部专利文献按照一定的规则进行编排；半年专利号索引的著录格式和期末专利号索引的著录格式基本一致。

C. 期末专利号索引

该索引一般出现在每一期文摘的最后，主要用于将当期文摘刊载的全部专利文献，根据俄文译名的国家名称的顺序以及对应的专利号进行编排，其中专利号排在左边，文摘号排在右边。

检索步骤：第一步，通过期末或半年、年度专利号索引检索专利所属的国别；第二步，根据查找到的国别再去进一步检索专利号，一并记录所对应的文摘号；第三步，根据文摘号再去查找当年出版的文摘杂志，再到杂志正文去查找与之对应的文摘条目。

2. 日本《科学技术文献速报》

（1）概述

《科学技术文献速报》，创刊于1958年，为综合性的科技检索刊物，由日本科学技术情报中心（JICST）出版发行。1958年创刊时便有5个分册出版发行，经过多次调整后，截至目前有12个分册出版发行。《科学技术文献速报》的所有分册都是每年编辑出版一卷，第一期于当年的4月出版发行，最后一期于次年的3月出版发行，而且每卷的卷末均附有卷末索引，卷末索引通常由三部分构成，即主题索引、作者索引和报告号索引。目前，《科学技术文献速报》（日本）、《文摘通报》（法国）以及《文摘杂志》（俄罗斯）已成为世界三大综合性的检索工具。

该速报主要以文摘的形式对世界上各个国家的文献资料进行快速报道，收录世界范围包括50多个国家20余种文字出版的科技期刊10000余种（日本4000余种、其他国家6000余种）、会议资料750余件、专利公报36种、专利说明书5000余件、检索期刊160余种、文献数据库8种（日本3种、其他国家5种）。《科学技术文献速报》是一种跨年卷刊物，从当年4月出版第一期开始，至次年3月出版最后一期结束。

《科学技术文献速报》通常采用标准卡片、书本、磁带和胶片4种形式发行。

（2）《科学技术文献速报》出版情况

该速报创刊于1958年，创刊时出版5个分册；1959年，出版1个分册；

1961年，出版1个分册；1963年，出版1个分册；1964年，因为《日本化学总览》的并入，便出版了《化学与化学工业编》（国内编）；1975年，因为《环境公害文献集》的并入，便出版了《环境公害编》；1978年，出版1个分册；1981年，出版1个分册。截至目前，《科学技术文献速报》共出版12个分册。至此，较完备的科技文献检索体系逐步形成。

表3-6　《科学技术文献速报》各分册基本情况一览表

分册名称	分册出版周期	创刊时间	分册简称	分册代号	每年出版期数
机械工程编	每半月	1958年	机	M	24
化学与化学工业编（外国编）	每旬	1958年	外化	C	36
电气工程编	每半月	1958年	电	E	24
金属工程、矿山工程与地球科学编	每半月	1958年	金	G	24
土木与建筑工程编	每半月	1958年	土	A	24
物理与应用物理编	每半月	1959年	物	P	24
原子能工程编	每月	1961年	原	N	12
管理与系统技术编	每月	1963年	管	B	12
化学与化学工业编（国内编）	每半月	1964年	国化	J	24
环境公害编	每月	1975年	环	K	12
能源编	每月	1978年	—	S	12
生命科学编	每半月	1981年	—	L	24

《化学与化学工业编》（外国编）的发展共经历了三个阶段：

第一个阶段，1958—1971年，其名称是《化学与化学工业编》；第二个阶段，1972—1974年，其名称由《化学与化学工业编》调整为《外国化学与化学工业编》；第三个阶段，自1975年4月开始，更名为现名，即《化学与化学工业编》（外国编）。1958—1965年，为半月刊，自1966年第8卷开始，由半月刊调整为旬刊。

《化学与化学工业编》（国内编）的发展共经历了四个阶段：

第一个阶段，1877—1963年，其前身名为《日本化学总览》；第二个阶段，1964—1973年，名称由《日本化学总览》调整为《国内化学编日本化学总览》；

第三个阶段，1974年，其名称调整为《国内化学与化学工业编》；第四个阶段，自1975年4月开始，更名为现名，即《化学与化学工业编》（国内编）。

（3）《科学技术文献速报》各分册编排结构

《速报》各分册编排结构基本一致，主要包含四部分内容。第一部分：用法说明；第二部分：分类目录；第三部分：文摘正文；第四部分：关键词索引。

对于每一条文摘，都对其标注分类号（国际十进位），而对于同属于一个类目的文摘，则根据分类号（国际十进位）的顺序进行编排，文摘的字数一般控制在300字以内。

自1975年4月开始，《科学技术文献速报》的文摘号包括两部分内容：一部分是英文字母，一般是1个字母，用以代表分册代号；另一部分是数字，通常为8位，其中，第1、2位数字代表的是年份，第3、4位数字代表的是期数，最后4位数字则为流水号。

（4）《科学技术文献速报》各分册著录格式

自1975年4月开始，对于各分册而言，其文摘正文的著录格式通常包含以下内容。

表3-7 《科学技术文献速报》各分册著录格式一览表

序号	著录格式内容	备注
1	国际十进位分类号	—
2	文摘号	—
3	日文或译为日文的题目	—
4	文献的连载号	—
5	日文副标题	—
6	保管形式	通常为缩微胶卷或者胶片
7	文献资料类型代号	其中，a代表论文、b代表叙述性文章、c代表实用技术资料、d代表一般性文章、p代表专利
8	使用语言文种的代号	—
9	参见分册简称	—
10	原文题目	—
11	著者	—

续表

序号	著录格式内容	备注
12	JICST收藏文献资料编号	—
13	文献出处	—
14	发行国及地区代号	—
15	卷号	—
16	期号	—
17	页码	—
18	发行年份	—
19	文摘内容	—
20	照片	—
21	图表	—
22	参考文献数	—

（5）《科学技术文献速报》索引系统

A.《科学技术文献速报》各分册的每一期都附有关键词索引，通常包含两部分内容：一是文摘号，二是关键词。其关键词通常按照先阿拉伯数字，再拉丁字母，最后日文的顺序依次进行编排。

B.《科学技术文献速报》的每一卷都出版有年度索引，年度索引为单卷本，主要由以下三部分内容构成。

著者索引：通常由两部分构成，一是著者姓名，二是文摘号。通常按照著者姓名字顺，根据先西文，再俄文，最后日文的顺序，依次进行排列。

主题索引：其著录内容一般包含五部分内容，一是主题词，二是日文篇名，三是文献类型，四是语种，五是文摘号。主题索引中主题词的来源通常是《JICST科学技术用语主题词表》。

摘引期刊一览表：涵盖国内和国外两大部分，均按照缩写的刊名字顺进行排列。

3. 英国《科学文摘》（*Science Abstracts*）

（1）概况

英国《科学文摘》，简称SA，该文摘于1898年创刊，是世界上大型的专业文摘检索刊物。

《科学文摘》用于报道世界上 100 余个国家的期刊 4500 余种，以及 3000 余种会议记录、图书、科技报告和学位论文等。该文摘所报道的文献源自世界上 100 余个国家多种文字出版物的各类文献，其中期刊 4500 余种（900 余种期刊论文全部收录）、会议录、报告、图书等 3000 余种。文摘的年增报道文献量为 35 万余条，而且呈现每年不断增长的趋势。材料科学相关领域的文献是该文摘重点报道的内容之一。

《科学文摘》分为 A、B、C、D、E 五个专辑出版，其中，A 辑为《物理文摘》，简称 PA，于 1969 年创刊，半月刊；B 辑为《电气与电子学文摘》，简称 EEA，于 1969 年创刊，月刊；C 辑为《计算机与控制文摘》，简称 CCA，于 1969 年创刊，月刊；D 辑为《信息技术文摘》，简称 IT，于 1983 年创刊，月刊；E 辑为《生产和制造工程学文摘》，简称 MPE，于 2006 年创刊。

《科学文摘》有磁带版、印刷版、光盘版、缩微版、网络数据库以及联机数据库等多种出版形式。除了月刊和半月刊，出版配套的还有半年或多年累积索引。

（2）索引体系

《科学文摘》的索引体系有主题索引和辅助索引两类。

①主题索引（Subject Index）

主题索引，是累积索引本的主体，而且只在累积索引本中存在。该索引按照叙词的字顺进行排列，在每一个叙词的后面会列出多条说明语和顺序号，用于说明文献的主要内容。如在同一个叙词下面，有多条说明语的，则按照说明语首词先数字后的顺序进行排列。有一部分主题词的下面会附有以"参见"，即 See also 引导的参考叙词。

主题索引主要由三部分内容构成：叙词、说明语、顺序号。其中的叙词都出自《INSPEC 叙词表》，单个名词或者是词组都有。

②辅助索引（Subsidiary Index）

辅助索引主要包括会议索引、图书索引、参考文献目录索引、团体著者索引以及著者索引五大类。辅助索引是用于检索《科学文摘》报道的图书、会议录、科技报告等各类文献类型的检索工具，亦即文献类型索引。

A. 会议索引（Conference Index）

该索引是将当期报道、半年报道或者四年报道的会议文献进行汇总聚集，并且按照会议名称（简化）的字顺加以排列，同时顺序著录索引相关内容，方括号后面著录相应的顺序号。

B. 图书索引（Book Index）

该索引在某种程度上起到了书讯的作用，主要是用于报道当期、半年或者四年度引用图书的情况。图书索引是按照书名的顺序进行编排，对著者（或者编者）的姓名进行著录，在方括号内注明索引相关内容，同时在方括号后面著录相应的文摘号。

C. 参考文献目录索引（Bibliography Index）

有 40 篇以上参考文献的论文方能列入该索引，在某种程度上参考文献目录索引可以为用户提供一种引文追踪的方法，起到了小型专题文献索引的功用，用户可以利用此方法，从一篇文献着手，来获取几十篇文献的线索。从 1994 年开始，参考文献目录索引被取消。

D. 团体著者索引（Corporate Author Index）

该索引是以专利索引（Patent Index）和报告索引（Report Index）（1977 年之前出版）为基础，并将其进行整合而形成的。团体著者索引出现之后，调整为德温特出版物对专利进行集中报道。团体著者索引是用于检索报告的专门索引，主要用于对研究所、政府部门、企业、公司和实验室等所提出的研究报告进行报道，该索引根据团体著者（或者机构）的缩写名称顺序进行编排，按照顺序依次进行著录。

会议索引、图书索引、参考文献目录索引和团体著者索引四种辅助索引，可以帮助用户从会议名称、图书名称、引文追踪以及机构名称等条件来获得与文献条目相对应的顺序号，从而进行文献条目的进一步检索，为用户提供若干种辅助的检索方式。

E. 著者索引（Author Index）

该索引一般运用在期文摘本和累积索引本（分半年度、四年度两种）中。期文摘本，其著者索引是按照著者姓氏的顺序进行编排的（姓在前名在后）。在每一位著者姓名之后，仅可著录其顺序号。如果著者姓氏之前有"+"号，则说明该作者为合著人员；如果著者姓氏之后有"+"号，则说明该作者为第一著者；如果姓名前后都没有其他任何符号，则说明该作者是唯一著者。半年度累积索引本，其著者索引除了按照一定的规则标注著者姓名（姓在前名在后）以及顺序号之外，又在首位著者的姓名之后增加了合著者的姓名以及文献篇名，但是文献篇名仅仅在首位著者名下列出，而对于其他的合著者，则标注"See"第一著者及其顺序号。四年度累积索引本，其著者索引的编排方法同半年度累积索引本。

（3）检索途径

《科学文摘》的检索途径主要有以下三种形式。

①主题检索

《科学文摘》，一般选用叙词作为主题词，为方便用户方便快捷地选择主题词，并可以更加有效地利用主题索引，出版发行了《INSPEC叙词表》。

②分类检索

《科学文摘》的文献正文是按照学科分类进行编辑排列的，当前采用的是自编分类表，按照专业的分类体系进行编写制定，共有2000余个类目，分为四级。

③著者检索

该检索途径分为团体著者索引和著者索引两大类，用户只有对于著者的姓名或者所在公司以及企业的名称进行准确的了解，才能有效利用著者检索途径。

第四章

纺织文献参考型系统

文献参考型系统，一般指的是根据社会需求，大量收集汇总某一领域的文献资料，并按照一定的规则进行编排，专供读者查阅参照的特定类型出版物，属于三次文献，具有浓缩性的特点，是数据和事实检索最常用的工具书。

参考型工具书一般由"前言"部分、"凡例说明"部分、"目录"部分、"正文"部分、"附录"部分，以及"索引"部分六大部分组成。

参考型工具书和检索型工具书存在着较大的区别。参考型工具书可以为用户提供直接能利用的相关文献，诸如专业术语、统计资料、人物背景等具体事实和数据，资料性强、解释力高、方便检索，将特定的知识条理化，可直接提供简明扼要的答案。多采用标准、百科全书、年鉴、手册、字典、词典等形式。而检索型工具书为用户提供的仅仅是文献线索，如需查阅更加详细的内容，用户可根据此类线索做进一步的检索。

第一节 标准

一、标准

（一）概念

标准，必须得到权威机构的批准，并且以特定的形式予以发布，是大家必须共同遵照执行的准则及依据。不同的国家对于标准的编码规则不尽相同，但差别不大。

（二）分类

根据适用范畴的大小，标准可以分为国际标准（在全世界范围内通用，如

CAC 等），区域标准（在全世界范围内某一地区标准化组织通过的标准，如 ARS 等），国家标准（在全国范围内通用，各国标准均有统一的编号，如 GB 等），行业标准（全国范围内某个行业通用，如 WS 等），地方标准（在省市等范围内通用的标准），企业标准（根据企业生产需要所制定的标准）六大类。

表 4-1 国外标准一览表

序号	简称	标准名称
1	ISO	国际标准
2	ANSI	美国国家标准
3	BS	英国国家标准
4	DIN	德国国家标准
5	NF	法国国家标准
6	JIS	日本工业标准
7	JPI	日本石油学会标准
8	MIL	美国军用标准
9	ASI	美国规格学会标准
10	AISI	美国钢铁学会标准
11	ASTM	美国材料试验协会标准
12	ASME	美国机械工程师学会标准
13	MSS	美国阀门和管件制造厂标准化协会标准
14	AWS	美国焊接协会标准
15	API	美国石油学会标准

表 4-2 国际行业组织标准代号一览表

序号	标准名称	标准代号	标准负责机构
1	国际人造纤维标准化局标准	BISFA	国际人造纤维标准化局（BISFA）
2	世界知识产权组织标准	WIPO	世界知识产权组织（WIPO）
3	国际照明委员会标准	CIE	国际照明委员会（CIE）
4	国际善疾局标准	OIE	国际善疾局（OIE）
5	国际法制计量组织标准	OIML	国际法制计量组织（OIML）

续表

序号	标准名称	标准代号	标准负责机构
6	国际辐射防护委员会标准	ICRP	国际辐射防护委员会（ICRP）
7	国际葡萄与葡萄酒局标准	OIV	国际葡萄与葡萄酒局（OIV）
8	国际劳工组织标准	ILO	国际劳工组织（ILO）
9	联合国教科文组织标准	UNESCO	联合国教科文组织（UNESCO）
10	国际电工委员会标准	IEC	国际电工委员会（IEC）
11	世界卫生组织标准	WHO	世界卫生组织（WHO）
12	国际航空运输协会标准	IATA	国际航空运输协会（IATA）
13	国际制冷学会标准	IIR	国际制冷学会（IIR）
14	食品法典委员会标准	CAC	食品法典委员会（CAC）
15	国际铁路联盟标准	UIC	国际铁路联盟（UIC）
16	关税合作理事会标准	CCC	关税合作理事会（CCC）
17	国际乳制品联合会标准	IDF	国际乳制品联合会（IDF）
18	国际无线电干扰特别委员会标准	CISPR	国际无线电干扰特别委员会（CISPR）
19	国际标准化组织标准	ISO	国际标准化组织（ISO）
20	国际原子能机构标准	IAEA	国际原子能机构（IAEA）
21	国际橄榄油理事会标准	IOOC	国际橄榄油理事会（IOOC）
22	国际民航组织标准	ICAO	国际民航组织（ICAO）
23	国际电信联盟标准	ITU	国际电信联盟（ITU）
24	国际辐射单位和测量委员会标准	ICRU	国际辐射单位和测量委员会（ICRU）
25	国际海事组织标准	IMO	国际海事组织（IMO）
26	国际签书馆协会和学会联合会标准	IFLA	国际签书馆协会和学会联合会（IFLA）

根据标准内涵的不同，还可以划分为基础标准和产品标准等类别。

二、纺织标准

（一）概念

纺织标准，是纺织工业进行现代化管理的重要构成部分，是纺织工业进行现代化生产非常重要的手段。纺织标准的制定是以纺织科学技术以及生产实践为基础,由公认机构批准,对纺织生产技术的各类规定进行统一发布。

(二)分类

一般而言,纺织标准可以分为方法标准(性能和指标等的试验方法)、基础标准(有关术语和通用规则等)、产品标准(型号、规格等)三大类。三类标准相辅相成,前两者为后者即产品标准提供服务,同时,后者亦以前两类标准为依托。

(三)发展历程

据记载,早在周代,我国就有了早期的较为原始的纺织标准,《考工记》便是最早记录有关手工业技术标准的文献,该文献对每个工种均进行了详细记载,是当时世界范围内唯一的、我国最早的标准汇编。

随着纺织工业化生产的出现,现代纺织标准随之形成。1901年,英国成立全世界范围内首个国家标准化团体。此后,多个国家先后展开纺织技术标准化研究的相关工作,不断出台与其国情相适应的纺织类相关标准。早在1931年,工业标准化委员会在我国成立;自1950年始,稳步推进国内主要纺织产品的标准制定工作;1962年,主要纺织工业产品都有了统一的标准。我国的纺织标准汇编初版于2000年正式出版,2011年对部分内容进行修订,2016年对第二版再次进行修订。

表4-3 现代纺织标准发展历程一览表

时间	国家	标准内容	机构名称	备注
1898年	美国	纺织材料	材料试验协会	—
1901年	英国	纺织技术标准化	标准学会	世界上第一个国家标准化团体
1931年	中国	工业标准	工业标准化委员会	下设专业化标准委员会
1953年	中国	有关检验方法标准草案、鉴定标准	纺织工业部	1955年,在国营单位试行
1956年	中国	棉纱、棉布、印染布	纺织工业部、商业部和外贸部	正式颁发

续表

时间	国家	标准内容	机构名称	备注
1982年底	中国	中国纺织标准	中国纺织工业部	涵盖国家标准124项、部标准412项
2000—2002年	中国	中国纺织标准汇编	纺织工业科学技术发展中心	共9卷20册，涵盖1487项标准
2007年7月	中国	中国纺织标准汇编［基础标准与方法标准卷（第二版）］	纺织工业科学技术发展中心	共5册，涵盖429项标准
2011年2月	中国	中国纺织标准汇编［纺织与服装产品标准部分（第二版）］	纺织工业科学技术发展中心	共8卷9册，涵盖637项标准
2016年2月	中国	中国纺织标准汇编［纺织与服装产品标准部分（第三版）］	纺织工业科学技术发展中心	共10卷13册，涵盖1048项标准

（四）中国纺织标准汇编

《中国纺织标准汇编》，系汇编类的大型系列丛书，丛书分别按照行业分类进行立卷。《中国纺织标准汇编》已进行两次修订并出版。

2000—2002年，《中国纺织标准汇编》初版，共9卷20册，涵盖1487项标准；

2007年7月，对原基础标准与方法标准卷进行修订，出版《中国纺织标准汇编》［基础标准与方法标准卷（第二版）］，共5册，涵盖429项标准；

2011年2月，对纺织与服装产品标准部分进行修订，出版《中国纺织标准汇编》［纺织与服装产品标准部分（第二版）］，共8卷9册，涵盖637项标准；

2016年2月，对纺织与服装产品标准部分再次进行修订，出版《中国纺织标准汇编》（第三版），共10卷13册，涵盖1048项标准。

1.《中国纺织标准汇编》

《中国纺织标准汇编》，分9卷20册，共涵盖1487项标准，2000—2002年各卷陆续出版发行。具体情况如下：

第一卷：基础标准与方法标准卷，2000年出版，收录截至1999年底的相关数据。本卷共分为四册，涵盖445项标准。其中第一册和第二册为国家标准，共涉及241项标准；第三册和第四册为行业标准，共涉及204项标准。

第二卷：棉纺织卷，于2001年出版，收录截至2001年6月底的相关数据。本卷共分为两册，涵盖189项标准。其中第一册收录棉纺织、印染等71项标准，第二册收录衬布、土工布等118项标准。

第三卷：毛纺织卷，2001年出版，收录截至2001年6月底的相关数据，本卷共收录79项标准。

第四卷：麻纺织卷，2001年出版，收录截至2001年6月底的相关数据，本卷共收录49项标准。

第五卷：丝纺织卷，2001年出版，收录截至2001年6月底的相关数据，本卷共收录44项标准。

第六卷：化纤卷，2001年出版，收录截至2001年6月底的相关数据，本卷共收录78项标准。

第七卷：服装与针织品卷，2001年出版，收录截至2001年6月底的相关数据，本卷共收录64项标准，其中服装类相关标准45项，针织品类相关标准19项。

第八卷：纺织机械与器材卷，2001年出版，收录截至2000年10底的相关数据。本卷共分为七册，涵盖441项标准。其中第一册和第二册为纺织机械与器材基础标准，共涉及165项标准，其中国家标准24项、行业标准141项；第三册为工艺标准，涵盖31项标准；第四册为纺织机械零部件标准，共涉及69项标准；第五册为纺部和织部机械与器材标准，共涉及102项标准；第六册为染整、化纤和针织机械标准，共涉及56项标准；第七册为纺织仪器、电器和电动机标准，共涉及18项标准。

第九卷：纤维检验卷，2002年出版，收录截至2001年底的相关数据。本卷共分为两册，共涵盖标准98项。棉分册，包括28项棉纤维及其检验标准；毛、麻、茧分册，共有标准70项，其中，毛纤维及其检验标准有34项、麻纤维及其检验标准有32项、蚕茧及其检验标准有4项。

表4-4 《中国纺织标准汇编》基本情况一览表

序号	卷名		内容	标准数量（项）	截止日期
1	基础标准与方法标准（4册）	（一）（二）	国家标准	241	合计 445	1999年底
		（三）（四）	行业标准	204		
2	棉纺织（2册）	（一）	棉纺织、印染、色织布	71	合计 189	2001年6月底
		（二）	衬布、帘子布、帆布、金属化纺织品、巾被、线带、土工布等	118		2001年6月底
3	毛纺织		—	79		2001年6月底
4	麻纺织		—	49		2001年6月底
5	丝纺织			44		2001年6月底
6	化纤		—	78		2001年6月底
7	服装与针织品		服装	45	合计64	2001年6月底
			针织品	19		
8	纺织机械与器材（7册）	（一）（二）	纺织机械与器材基础标准	165	合计 441	2000年10月底
		（三）	工艺	31		
		（四）	纺织机械零部件标准	69		
		（五）	纺部和织部机械与器材标准	102		
		（六）	染整、化纤和针织机械标准	56		
		（七）	纺织仪器、电器和电动机标准	18		
9	纤维检验（2册）	棉	棉纤维及其检验标准	28	合计98	2001年底
		毛、麻、茧	毛纤维及其检验标准	34		
			麻纤维及其检验标准	32		
			蚕茧及其检验标准	4		
总计	9卷		20册	1487项	—

注：1. 标准汇编目录中的国家标准、行业标准编号是按照国务院标准化行政主管部门的最新要求编号。

2. 标准汇编鉴于部分标准是在清理整顿前出版的，目前尚未修订，其正文部分仍保留发布时的格式及内容，但标准编号应以目录为准。

2. 《中国纺织标准汇编》(第二版)

(1)《基础标准与方法标准卷》(第二版)

该版本是以《基础标准与方法标准卷》(2000年版)为基础修订完成的，2007年7月，《基础标准与方法标准卷》(第二版)出版发行。一方面对2004年废止的标准进行删除，一方面对于2000年2月到2007年4月底这一时间段发布的标准进行适当增加。

《基础标准与方法标准卷》(第二版)，共分为5册，于2007年7月出版，共收录标准429项，按照标准的顺序号进行编排。其中第一、二、三册为国家标准，共有263项标准。第一册收录了顺序号自GB 250—1995到GB/T 6509—2005的国家标准；第二册收录了顺序号自GB 6529—1986到GB/T 14346—1993的国家标准；第三册收录了顺序号自GB/T 14575—1993到GB/T 20390.2—2006的国家标准。第四、五册为行业标准，共有160项标准。第四册收录了顺序号自FZ/T 01003—1991到FZ/T 01095—2002的推荐性纺织行业标准；第五册收录了顺序号自FZ/T 10001—2006到FZ/T 80007.3—2006的推荐性纺织行业标准。

(2)纺织与服装产品标准部分(第二版)

《中国纺织标准汇编》(第二版)涉及的纺织与服装产品标准部分，是在《中国纺织标准汇编》2001年初版的基础上修订完成的，收录截至2010年10月底的相关数据，于2011年2月出版发行。

《中国纺织标准汇编》(初版)中涉及的纺织品与服装产品标准部分，共包括6卷7册、503项标准。其中，棉纺织卷(共2册、189项标准)、毛纺织卷(79项标准)、麻纺织卷(49项标准)、丝纺织卷(44项标准)、化纤卷(78项标准)、服装与针织品卷(64项标准)。

《中国纺织标准汇编》(第二版)中纺织与服装产品标准部分与第一版稍有不同，一是将初版的服装与针织品标准卷拆分成服装标准卷和针织标准卷两卷；二是将产业用纺织品标准从初版的棉纺织卷(二)中独立出来，形成了第二版的纺织与服装产品标准部分，共分为8卷9册，共收录标准637项。具体如下：

第一卷：棉纺织卷(共2册)，共涵盖169项标准。其中第一册收录96项标准，第二册收录73项标准；

第二卷：毛纺织卷，本卷共收录83项标准；

第三卷：丝纺织卷，本卷共收录50项标准；

第四卷：麻纺织卷，本卷共收录 50 项标准；

第五卷：化纤卷，本卷共收录 101 项标准；

第六卷：服装卷，本卷共收录 63 项标准；

第七卷：针织卷，本卷共收录 58 项标准；

第八卷：产业用纺织品卷，本卷共收录 63 项标准。

3.《中国纺织标准汇编》（第三版）

《中国纺织标准汇编》（第三版），由中国标准出版社出版发行。涉及的纺织与服装产品标准是在《中国纺织标准汇编》2011 年第二版的基础上进一步修订完善而成的。部分调整了第二版的分类方法：一是将第二版的棉纺织卷（二）改名为家用纺织品卷；二是从原棉纺织卷（一）中将印染标准单列出来独立成卷。第三版共包含①棉纺织卷（上、下），②印染卷，③毛纺织卷，④麻纺织卷，⑤丝纺织卷，⑥化纤卷（上、下），⑦针织卷，⑧服装卷（上、下），⑨家用纺织品卷，⑩产业用纺织品卷，共分为 10 卷 13 册，收录标准 1048 项。

第一卷：棉纺织卷（共 2 册），于 2016 年 2 月出版，收录截至 2015 年 12 月底的相关数据，共涵盖 159 项标准，其中上册收录 92 项标准，下册收录 67 项标准；

第二卷：印染卷，2016 年 2 月出版，收录截至 2015 年 12 月底的相关数据，本卷共收录 49 项标准；

第三卷：毛纺织卷，2016 年 2 月出版，收录截至 2015 年 12 月底的相关数据，本卷共收录 105 项标准；

第四卷：麻纺织卷，2016 年 2 月出版，收录截至 2015 年 12 月底的相关数据，本卷共收录 63 项标准；

第五卷：丝纺织卷，2016 年 2 月出版，收录截至 2015 年 12 月底的相关数据，本卷共收录 78 项标准；

第六卷：化纤卷（共 2 册），2016 年 2 月出版，收录截至 2015 年 12 月底的相关数据，共涵盖 222 项标准，其中上、下册各收录 111 项标准；

第七卷：针织卷，2016 年 2 月出版，收录截至 2015 年 12 月底的相关数据，本卷共收录 97 项标准；

第八卷：服装卷（共 2 册），2016 年 2 月出版，收录截至 2015 年 12 月底的相关数据，共涵盖 89 项标准，其中上册收录 49 项标准，下册收录 40 项标准；

第九卷：家用纺织品卷，2016年2月出版，收录截至2015年12月底的相关数据，本卷共收录95项标准；

第十卷：产业用纺织品卷，2016年2月出版，收录截至2015年12月底的相关数据，本卷共收录91项标准。

第二节　百科全书

百科全书一度被称为"工具书之王"，一般以词典等形式进行编排，属大型的参考型工具书。

一、百科全书

（一）百科全书的发展历程

百科全书早在2000年前便已问世，编纂历史悠久。在我国，古代的"百科全书"也被称为"类书"，即遵循一定的编排方法，将相关学科门类的文献纂辑在一起，以方便寻检、引证的一类工具书。最早的一部闻名世界的现代百科全书始创于18世纪，即法国的《百科全书》，由狄德罗与达朗贝尔共同主编，1780年最终完成，对后来百科全书的编纂意义深远。

（二）百科全书的分类

百科全书可按照篇幅及体制、收录内容、地域范畴、读者学术水平的高低等标准进行划分。

根据篇幅大小及体制的不同，可将其分为以下3种：一般在20卷以上的大百科全书、一般在10卷以下的小百科全书以及一般为案头工具书的单卷本。

根据收录内容多少的不同，可将其分为综合类和专业类两种百科全书。

根据地域范畴的大小，可分为国际百科全书、区域或国家百科全书等。

（三）国内外百科全书概述

1. 国内百科全书

国内百科全书主要有以下几类：《中国大百科全书》（中国首部综合性百科全书）、《简明不列颠百科全书》（中美合译出版）、《中国企业管理百科全书》（首部专业性全书）和《科学技术百科全书》（美国公司出版中译本）等。

（1）《中国大百科全书》，是自1978年始，经几万余名专家学者的参与，历经近30年的时间编纂的,已完整问世两版,第三版编纂工作持续进行中,截至2025年2月,已出版27个学科29卷。

(2)《中国企业管理百科全书》,是在1984年出版的,分为上、下两卷,系中国首部专业类的百科全书。共收录条目1.8万余条,收录内容侧重工业企业管理类,同时也涵盖了纺织类企业管理的相关内容,总字数为300余万字。

(3)《简明不列颠百科全书》,是在1985年由中美两国合译出版的。共计收录条目7万余条,总10卷,系方便查阅的百科全书,属小型综合性全书,总字数约2400万字。

(4)《科学技术百科全书》,于1977年由美国图书公司出版发行,是其第四版的中译本,总30卷。全书自1979年开始,采取按学科分类、分卷出版的方式,由中国科学出版社组织翻译并出版。

2. 国外百科全书

国外百科全书有美国出版的,如《纺织百科全书》《人造纺织物百科全书》《科学技术百科全书》《美国百科全书》等;有英国出版的,如《不列颠百科全书》;有日本出版的,如《世界大百科事典》等。

(1)《美国百科全书》(Encyclopedia Americana),为美国出版的第一部百科全书,1829年出版第一版。

(2)《纺织百科全书》(Encyclopedia of Textiles),美国纺织品、时装杂志社编辑出版,1960年出版第一版,为单卷本,是一部具有权威性的纺织类专业百科全书。

(3)《科学技术百科全书》(Encyclopedia of Science and Technology),由美国图书公司于1960年出版发行,1977年出版第四版,是世界范围内容最全面的工具书,属大型多学科科技类百科全书。

(4)《人造纺织物百科全书》(Man-Made Textile Encyclopedia),1959年初版,由美国纺织图书出版社出版发行。

(5)《不列颠百科全书》(Encyclopedia Britannica),1768—1771年于苏格兰的爱丁堡初版发行。后来各版在伦敦和剑桥陆续出版,1929年版权转让至美国芝加哥大学。该书一向以权威性高、学术性强著称。

(6)《世界大百科事典》,1955—1963年初版由平凡社出版,系日本知名的大型综合性百科全书。1972年出版第三版。

二、中国大百科全书

《中国大百科全书》，系大型的百科全书，为中国首部综合性的百科全书，亦是在世界范围内，规模比较大且为数不多的百科全书之一。

（一）《中国大百科全书》（第一版）

1978 年，专门成立中国大百科全书出版社，负责编辑出版《中国大百科全书》。近 2 万余名专家学者参与，从 1978 年至 1993 年，历经艰辛 15 年，《中国大百科全书》（第一版）最终在 1993 年 8 月全套出版问世。此部全书分为 74 卷出版发行，依据学科类别来划分，主要涵盖哲学、自然科学等 66 个学科领域的知识。此部全书同步附有 5 万余张图片，各卷分别按汉语拼音的顺序进行排版，且各卷按学科分类陆续出版发行。此百科全书共收录条目计 7.8 万余条，总计字数为 12568 万字。

（二）《中国大百科全书》（第二版）

《中国大百科全书》（第二版）于 2009 年 8 月出版，是由近 3 万余名专家学者参与，历经 14 年完成的。与第一版相比，不管是在内容上还是在编排顺序上更为贴近国际惯例，是在第一版的基础上重新修订和编排的，共插入图片 3 万余张。且对第一版的编排规则进行了调整，全书按照条目编写，统筹按照汉语拼音顺序进行编排，在很大程度上减少了条目的重复性，增加了地图约 1000 幅，系统性更强，内容更加丰富，更加方便读者检索。第二版纸版共 32 卷，其中正文 30 卷，索引、附录 2 卷，共收录条目 6 万余条，总字数 6000 余万字。

（三）《中国大百科全书》（第三版）

《中国大百科全书》（第三版），继承并发展了第一版和第二版的精髓，其编纂工作于 2015 年正式启动，经过十年的精心打磨，汇集了近 6 万名专家和作者的智慧与努力。

《中国大百科全书》（第三版）是迄今为止世界上规模最大的学术性百科全书，计划收录条目达到 50 万条，预计配备 20 万张图片、30 多万个公式和表格、10 万分钟视频、1 万分钟音频以及 500 分钟 3D 科学动画，以更好地满足读者多样化和个性化的阅读需求。第三版将同时提供网络版和纸质版，其中纸质版预计达到 40 卷左右。

1. 《中国大百科全书》（第三版）纸质版

2024年1月，《中国大百科全书》（第三版）纸质版首批新书正式发布，共涵盖18个学科19卷：《心理学》《影视学》《戏曲学》《戏剧学》《图书馆学》《情报学》《档案学》《天文学》《农业资源与环境》《渔业》《兽医学》《园艺学》《交通运输工程》《土木工程》《矿冶工程》《核技术》《力学》，以及《物理学》（Ⅰ、Ⅱ）。

2025年1月，《中国大百科全书》（第三版）纸质版第二批新书发布，共包含9个学科10卷：《统计学》《海洋科学》《语言文字学》《系统科学》《材料科学与工程》《人居环境科学·风景园林学》《生态学》《管理科学与工程》，以及《化学》（Ⅰ、Ⅱ）。

至此，《中国大百科全书》（第三版）纸质版已发布27个学科29卷。

2. 《中国大百科全书》（第三版）网络版

2022年底，网络版的50万个条目正式上线，内容约5亿字。网络版分为专业版、专题版和大众版三个部分，三者相辅相成，互为补充。

专业板块：以学科分类为框架，覆盖了103个一级学科（其中兽医学首次单独成卷）。

专题板块：专注于特定主题，通过多角度、多条目的方式深入展现知识，以弥补专业板块的不足。

大众板块：包含日常生活、文化热点等广泛内容，贴近大众生活。

三、中国大百科全书（纺织卷）

纺织分卷，既隶属于《中国大百科全书》，同时也可以作为独立使用的百科全书，它是一部专门针对纺织学科特有的专业性全书。

（一）《中国大百科全书·纺织卷》（第一版）

《中国大百科全书》（第一版）涉及66个学科的知识领域，全套74卷历时15年方出版齐全，纺织卷则为其中的一卷［以下简称"纺织卷（第一版）"］，于1984年6月出版发行。此卷的编辑委员会主任为陈维稷，内容涵盖中外纺织发展历史、各类纤维、织物及其成型过程等10个部分的内容，字数约104万字。

第一部分，纺织史。此部分主要包括中外纺织史，对我国古代纺织相关的词语的解释解读，历代关于纺织及著名人物的相关记载等内容，由周启澄担任主编。

第二部分，天然纤维。此部分主要介绍了植物纤维、动物纤维和矿物纤维等内容，由严灏景担任主编。

第三部分，化学纤维。此部分主要介绍了人造纤维、合成纤维以及特种纤维等内容，由方柏容担任主编。

第四部分，丝绸。此部分主要介绍了蚕茧的加工以及各类丝织品的相关内容，由朱新予担任主编。

第五部分，纺纱。此部分主要介绍了棉、麻、丝、毛等的纺纱工艺，同时对新型纺纱进行阐述，由张文庚担任主编。

第六部分，机织。此部分主要介绍了机织物的织造工艺，对相关机织物组织进行阐述，由边澄担任主编。

第七部分，针织。此部分主要介绍了针织物的织造工艺，对相关针织物组织进行阐述，由许吕松担任主编。

第八部分，染整。此部分主要介绍了包括机织物和针织物在内的棉、麻、毛、丝等各类织物的染色及整理工艺，由王菊生担任主编。

第九部分，纺织品。此部分主要介绍了纱、线、绳、带以及棉、麻、丝、毛等各类织物，同时对特殊用途织物进行了阐述，由蔡黎明担任主编。

第十部分，综合及其他。此部分主要介绍了纺织相关的标准、纺织类相关机构、期刊等内容，由周启澄担任主编。

纺织卷（第一版）共收条目684个，按照汉语拼音字母顺序对收录的条目进行编排，并配有插图820幅，同时对涉及的所有条目编排了"条目分类目录"（见图4-1）。"条目分类目录"方便读者对纺织学科的分支体系做进一步的了解，以便更深入地查阅纺织学科的某个分支或者主题的相关条目。为了使纺织学科分类体系更加完整，部分条目的标题或许会同时出现在多个分类标题之下。通过"条目分类目录"，还可以方便读者更清晰地了解各条目之间的层级关系。

本卷还提供了"条目汉字笔画索引"（见图4-2），以便读者更快捷地查阅相关内容。

通过上述两种不同的检索方法，读者可以检索到同一文献内容。读者可以根据需要选择相应的检索方法。当然，如果读者选择采用"条目分类目录"进行检索，则需具备一定的纺织专业基础知识或对检索条目有一定的了解。

条目分类目录

说　明

一、条目分类目录供了解纺织学科的分支体系，查阅一个分支或一个大的主题的有关条目之用。例如查"软缎"，缎是丝织物的一个类别，丝织物又属纺织品，在"纺织品"这个分类标题下查到"丝织物"，再在"丝织物"下查到"缎"，在"缎"下查到"软缎"在第 227 页。

二、为了学科分类体系的完整，有些条目标题可能在几个分类标题之下出现。例如"烧毛"既列入"纺纱"，又列入"染整"。

纺织史	81	白叠	2
世界纺织史	246	吉贝（见白叠）	123(2)
中国纺织史	343	罗	163
中国棉纺织史	362	绫	377
中国麻纺织史	358	席	10
中国丝绸史	369	纳石失	197
丝绸之路	255	缯	318

图 4-1　纺织卷（第一版）条目分类目录

条目汉字笔画索引

说　明

一、本索引供读者按条目标题的汉字笔画寻查条目。例如查"纺纱"一条时，第一字"纺"为七画，在七画的条目中查知这一条的释文排在第 45 页。

二、笔画数相同的字按起笔笔形—（横）、｜（竖）、丿（撇）、丶（点）、┐（折，包括乚丨く等笔形）的顺序排列。第一字相同的条目标题，依次按后面各字的笔画数和起笔笔形顺序排列。

		无机纤维 …… 282	化学纤维 …… 110
二　画		无纺织布 …… 281	化学纤维后加工 …… 115
二重组织 …… 39		无捻纺纱 …… 283	化学纤维纺丝 …… 114
人工肾脏 …… 223		无锡纺织研究所 …… 283	化学纤维油剂 …… 116
人造毛皮 …… 223		《天工开物》 …… 266	化学纤维着色 …… 116

图 4-2　纺织卷（第一版）条目汉字笔画索引

（二）《中国大百科全书·纺织卷》（第二版）

在第一版的基础上，《中国大百科全书》第二版不断更新和完善，纺织卷的相关内容亦同步进行了调整，纺织卷总字数约 13.7 万字。与第一版相比，第二版新增条目 41 条，更新完善了第一版存在的条目重复性问题，调整了全书的条目编排规则，总条目为 239 条。

第二版纺织卷更加注重纺织科学技术的发展，同时对新工艺、信息技术的融入有所侧重，同时配有 115 幅插图，产业用纺织品的应用更是得到了迅猛发展。

第三节 年鉴

一、年鉴的概念

年鉴,又称"年刊",以记事为主,系资料性工具书,又被人们称为"微型百科全书"。一般按年出版,为连续出版物,系可供人们查阅的工具书。通常来讲,专题论述为年鉴的主体部分。

二、年鉴的发展历程

现代形式的年鉴最早始于欧洲,在辛亥革命前后传入中国。在我国,最早印制出版的年鉴主要有两种类型,一是《中国年鉴》,于 1924 年出版发行;二是《世界年鉴》,于 1913 年出版发行。

截至 1949 年,即中华人民共和国成立之时,我国已有 200 余种各类年鉴出版;在改革开放以后,呈现出"年鉴热"的现象,仅仅从 1949 年到 2003 年,我国已有 2200 余种年鉴出版;至 2015 年底,中国已编纂出版多种省级、地市级、县区级年鉴,其中省级年鉴有 32 种、770 余部,地市级年鉴有 338 种、4300 余部,县区级年鉴 2300 余种、1 万多部;另外,还有各级各类的专业年鉴 3000 余种。

除偶有合刊外,年鉴一般是逐年出版的,具有很强的连续性,内容更新较快,在很大程度上方便了读者的查阅和检索。

三、年鉴的分类

年鉴可分为四种类型,具体如下:

(一)专门性年鉴

专门性年鉴,较多地为专业人员所使用,反映的是某一特定范围内的相关情况和资料。围绕专门的学科、专业和专题形成的年鉴均属于专门性的年鉴,如《中国教育年鉴》等。

(二)综合性年鉴

综合性年鉴,一般以年度为单位,较全面地记录某个国家或国际范围内的相关情况和资料。如《中国百科年鉴》等，当然，百科全书年鉴亦属于此范畴。

（三）地方性年鉴

地方性年鉴，主要反映某个地方的年度进展情况，可供查阅地方文献使用。此类年鉴既有综合性的，如《香港年鉴》等；也有专门性的，如《深圳经济特区年鉴》等；还有地方性的，如《浙江经济年鉴》等。

（四）统计性年鉴

统计性年鉴，即某相关领域的发展情况，以数字为主要形式来呈现。通常情况下，此类年鉴是供专门人员使用的。一方面，按照涵盖范围的大小来划分，有国际范围内的，如《国际统计年鉴》等；有国家层面的，如《中国统计年鉴》等；有地方性的，如《北京市统计年鉴》等。另一方面，按照内容的性质不同来划分，有专门性的，如《中国能源统计年鉴》等；也有综合性的，如《中国统计年鉴》等。

四、我国主要综合性年鉴

（一）《中国百科年鉴》

该年鉴于1980年创刊，1996年停刊，连续出版15卷，每卷字数约130万—220万字，每年出版的年鉴主要反映前一年的资料。此年鉴是大型的全国性综合年鉴，也是中华人民共和国成立以来创办的首部年鉴，主要分为"百科""概况"和"附录"三个部分，"百科"是年鉴内容最主要的部分，主要收录前一年度的进展和成效，根据每年的情况每卷会略有变化；"概况"部分的主要内容是关于基本情况的介绍；"附录"部分为年表和其他的资料。

《中国百科年鉴》是《中国大百科全书》最有效的资料补充，由中国大百科全书出版社出版发行，正文前的目次是按分类排列的，书后还附有分析索引，系按照汉语拼音字母顺序排列的。

（二）《中国年鉴》

《中国年鉴》，于1981年在香港创办，在内地于1983年开始以中文和英文两种版本发行，1998年以后，改名为《中华人民共和国年鉴》（简称《中国年鉴》）。此年鉴采用分类编辑的方法进行编排，主要内容有"中国概况""大事纪要""彩图专辑""分类条目""特载"和"附录"等，《中国年鉴》最重要的内容便是"分类条目"，利用它可以多个层次、多种维度宣传中国，弘扬中国优秀的传统文化。

(三)《世界知识年鉴》

《世界知识年鉴》，汇总收录了国际大事和相关统计资料，是在中华人民共和国成立后出版历史最长的年鉴，也是中华人民共和国成立后出版时间最早的综合性年鉴。其内容按类进行编排，主要涵盖五大方面内容：第一部分是"各国概况"，此部分为年鉴的主要内容，包括世界几百个国家的政治情况、军事情况及对外关系等；第二部分是"国际组织和国际会议"，按类别分别进行介绍；第三部分是"专题统计资料"，涵盖其他国家主要的经济运行情况和相关统计数据；第四部分是"世界大事记"，主要记录前一年度的大事记，其中1982年版包含了1965年至1981年的资料；第五部分是"便览"，汇总整理相关资料。

发展历程：1953年初版，原名为《世界知识手册》；自1958年开始，《世界知识手册》便更改名称为《世界知识年鉴》；1966年停办，1982年重启出版。

出版情况：此年鉴（手册）在出版期间，除偶有合刊外，基本是按年度出版的。第一个阶段，《世界知识手册》阶段，共出版4册，分别在1953年、1954年、1955年、1957年各出版1册；第二个阶段，1958年至1966年，共出版4册，分别在1958年、1959年、1961年、1965年各出版1册；第三个阶段，1982年恢复正常出版后，除偶有两年合并出版外，基本是逐年出版。

(四)《中国纺织工业年鉴》

《中国纺织工业年鉴》（1982—2000），该年鉴于1982年创办、出版发行，2000年出版最后一册，其间共出版14册，除有4册为合卷外，其余每年出版1册。4册合卷基本情况：一是1984—1989年，每两年出版一册，共出版3册，即1984—1985年、1986—1987年、1988—1989年；二是1997—1999年共出版1册。

因机构改革，自2001年开始出版《中国纺织工业发展报告》，与2000年版的《中国纺织工业年鉴》紧密衔接。首册《2000/2001中国纺织工业发展报告》于2001年4月出版，后逐年出版，最近一期为2024年6月出版的《2023/2024中国纺织工业发展报告》。

《中国纺织工业发展报告》又被称为《中国纺织白皮书》，集中反映了中国纺织工业及纺织行业的年度发展情况，既有现状分析，又有行业展望，还有规划及科技创新等方面内容，在我国，是唯一一部能体现纺织工业和纺织行业的年度发展状况的研究报告。

五、国外主要综合性年鉴

（一）美国《世界年鉴》(*The World Almanac and Book of Facts*)

《世界年鉴》，由《纽约世界报》出版发行，因此而得名。在美国，该年鉴是历史最长的综合性年鉴，创刊于 1868 年，在 1876 年停刊，于 1886 年复刊，复刊时名称为《世界知识概要》(*Compendium of Universal Knowledge*)，此后，每年出版。

《世界年鉴》所提供的文献资料，以美国为主、世界其他国家为辅，内容涉及政治、教育、体育、艺术、工业以及其他学科范畴。《世界年鉴》对于美国总统、宪法、政府机构、旅游、工农业生产、体育，著名大学、世界名人、诺贝尔奖获得者等社会各个层面的情况均有报道和介绍。详细全面的主题索引按照一定规则排列在《世界年鉴》的卷首。

（二）日本《纤维年鉴》(*Textile Yearbook*)

《纤维年鉴》，于 1947 年创刊，由日本纤维新闻社编辑出版。主要报道日本纺织工业的生产情况、相关的政策、纺织品贸易等内容，同时也对其他国家的棉、毛、合成纤维等的生产情况进行报道。

（三）日本《染色加工整理年鉴》(*Dyeing Processing and Finishing Yearbook*)

该年鉴由日本纤维社出版发行，对于日本染整设备的市场需求情况、染整工业的发展情况，以及有关于染色加工产品的消费调查状况等内容进行较为详尽的报道。对涉及染色、加工、整理行业的日本学校，相关研究所，工商企业以及协会等，在"会社要览编"进行介绍。

（四）德国《化纤年鉴》(*Man-Made Fiber Yearbook*)

《化纤年鉴》，由德国化学纤维与纺织工业出版公司出版发行。主要报道化学纤维、织物整理、纺织工艺、纺织品贸易以及纺织工业等相关内容。

第四节 手册

一、概念

手册是对于某一个主题、某一个学科或者若干个学科的数据和基本知识以及相关资料进行汇聚的工具书。手册收录内容侧重于基本情况介绍和基本素材提供，通常按类编排，可供读者随时翻阅查看，因其实用和便于携带而备受人们喜爱。

二、分类

（一）根据收录内容的不同，可以分为专业性手册和综合性手册两大类。

1. 专业性手册

所谓专业性手册，通常指的是只涉及某一学科，或者某一专业的专业性很强的知识内容，如《新闻工作手册》等。

2. 综合性手册

综合性手册一般涵盖的知识内容比较丰富，可以同时涉及不同的学科领域，也可以对某些学科分支进行不同程度的反映，如《世界知识手册》等。

（二）根据编排形式以及功能的不同，手册又可以分为四种类型，其中综合性手册和数据性手册是手册的主要类型。

1. 综合性手册

此类手册的数量最多，一般分章节编排，通常采用表格、文字或者公式等不同的方式，对某一个专门的知识进行系统化的表述或者更加直观的表现。如《棉纺手册》《针织手册》等。

2. 数据性手册

此类手册汇聚了各类数据和计算公式、相关资料等。通常采用表格的形式进行分类编排，偶尔也会加注一些简短的说明性文字。数据性手册是专门用于查找数据的一类工具书，如中文版《化学用表》等。

3. 条目性手册

"条目性手册"又被称为"文摘性手册"，该类手册通常采用的著录方式以文摘式或者条目式为主，按照类似辞典的方式进行编排。此类手册的正文由条目构成，主要用于查找某一指定产品或者事物的相关情况，如《纺织染整助剂品种手册》《试剂手册》等。

4. 图表性手册

又称为"图表"，此类手册最大的特点就是直观性非常强，对某些特定学科非常适用。如各类流程图、光谱图等。

三、国内纺织类手册简介

（一）《棉纺手册》

《棉纺手册》，于 1976 年创办，由轻工业出版社出版发行，自 1981 年开始，由纺织工业出版社出版发行。该手册分为上册和下册，共 15 章内容。

1987 年，《棉纺手册》（第二版）由纺织工业出版社出版，分为 3 个分册，共 17 章内容。第一分册，1987 年 8 月出版，包含四章内容；第二分册，1987 年 8 月出版，包含 7 章内容；第三分册，1987 年 11 月出版，包含 6 章内容。此次修订，除外来数据外，其他数据全部采用中国的法定计量单位。

2004 年 10 月，《棉纺手册》（第三版）由中国纺织出版社出版，内容侧重工艺设计和产品质量，共包含 7 篇 23 章内容。其中，第一篇：棉纺纱线的名称、计量和原料，包含两章内容；第二篇：前纺，包含 7 章内容；第三篇：成纱，包含 3 章内容；第四篇：后加工，包含 4 章内容；第五篇：产品工艺设计与质量检验，包含两章内容；第六篇：空气调节、除尘与车间噪声治理，包含 3 章内容；第七篇：生产经济核算与企业信息化，包含两章内容。

（二）《棉织手册》

《棉织手册》，于 1977 年创办，由轻工业出版社出版发行，后由纺织工业出版社再版。分为上册和下册，共 16 章内容，上册于 1977 年 4 月出版，包含 8 章内容；下册于 1977 年 6 月出版，包含 8 章内容。

1989 年 12 月，《棉织手册》（第二版）由纺织工业出版社出版，共 18 章，分为上册和下册，上册 8 章、下册 10 章。该版是在第一版的基础上修订完成的，内容上做了较大程度的调整。

2006 年 10 月，《棉织手册》（第三版）由中国纺织出版社出版，共包含 6 篇（"纤维和纱线""织前准备""织造""织物整理""产品品种、质量与检测""空气调节"）20 章内容。

(三)《毛纺织染整手册》

《毛纺织染整手册》，于1977年9月创办，由轻工业出版社出版发行。该手册分为上册和下册，每册又分一、二两个分册，共4个分册。

《毛纺织染整手册》（第二版），于1994年5月由中国纺织出版社出版发行，共13篇90章，分为上下两册，其中上册8篇46章，下册5篇44章。该版以第一版为基础，补充完善了国内外的新工艺、新设备、外国羊毛的相关内容等。

2018年9月，《毛纺织染整手册》（第三版）由中国纺织出版社出版，共15篇115章，分为上下两册，其中上册8篇43章，下册7篇72章。第三版以前两版为基础，增加了新设备、新工艺相关内容，该版修订呈现出的最大亮点就是增加了"山羊绒及其制品加工""半精梳毛纺"两篇内容。

(四)《针织手册》

《针织手册》，由纺织工业出版社出版发行，共10篇68章，分为6个分册。

第一分册：《原料·试验·空调》，包含三篇（"针织原料""针织原料及针织品的试验""空气调节"）16章内容，于1981年6月出版发行。阐述了各类纤维、纱线、针织品的特性以及原料鉴别、性能试验等内容，介绍了针织厂生产车间的空气调节等内容。

第二分册：《纬编·经编》，于1982年10月出版发行，包含两篇（"经编""纬编"）17章内容。对经纬编生产的各类工艺以及计算方法等内容进行阐述。

第三分册：《织袜》，于1981年12月出版，包含8章内容。对织袜工艺以及主要设备等内容进行阐述。

第四分册：《羊毛衫·手套》，于1981年10月出版，包含两篇（"羊毛衫""手套"）15章内容。对羊毛衫和手套的生产工艺参数以及主要设备等内容进行阐述。

第五分册：《染整》，于1983年1月出版，包含8章内容。阐述了纱线、织物的染色整理工艺、针织物印花和染整设备等内容。

第六分册：《成衣》，于1981年10月出版，包含4章内容。阐述了针织成衣生产过程中的裁剪、缝纫工艺及设备，熨烫、检验和包装等整理工序，以及缝纫生产的计算等相关内容。

(五)《针织工程手册》

为全面反映我国针织工业的现状和国际针织行业的发展，由中国纺织工程学会针织专业委员会按照工具书的要求，在原《针织手册》的基础上，编写了《针织工程手册》，本手册分为《经编》《纬编》《染整》《人造毛皮》《成衣》《袜子》6个分册，20世纪90年代，由中国纺织出版社按分册陆续出版。其中《经编》分册于1997年1月出版，共12章内容，主要介绍了经编生产工艺和设备等内容；《纬编》分册于1996年7月出版，共11章内容，主要介绍了纬编原料、纬编织物设计、生产设备和针织手套等内容；《染整》分册于1995年2月出版，共九章内容，主要介绍了纱线及针织物的练漂、染色和整理等相关内容；《人造毛皮》分册于1995年9月出版，共八章内容，主要介绍了主要的原材料、长毛绒与缝编绒的生产工艺和设备等相关内容。

到了21世纪，随着新技术、新工艺、新设备的不断出现，针织工业得到迅猛发展，第一版的《针织工程手册》已不能适应当前的形势，中国纺织工程学会针织专业委员会在第一版的基础上修订完善，重新编写了《针织工程手册》（第2版），国内外新型的原料、工艺、设备、检测方法等均包含其中，共分为6个分册，分别是《纬编》《经编》《染整》《成衣》《原料》《检测》。其中《纬编》（第2版）分册于2012年2月出版，共3篇13章内容；《经编》（第2版）分册于2011年3月出版，共14章内容；《染整》（第2版）分册于2010年9月出版，共10篇57章内容。

（六）《制丝手册》

《制丝手册》于1977年4月创办，由浙江丝绸公司编写，轻工业出版社出版发行，该手册分为上、下两册。

《制丝手册》（第二版），由纺织工业出版社出版发行，共12章，分为上册（1987年12月出版）和下册（1988年2月出版）。

（七）《丝织手册》

《丝织手册》于1982年12月创办，由上海市丝绸工业公司编写，纺织工业出版社出版，共15章，分为上册和下册。

《丝织手册》（第二版）于2000年10月出版，该版在第一版的基础上，对章节进行了重新调整，同时对新原料、新工艺、新设备、新产品等相关内容进行补充，共13章，分为上、下两册。

（八）《染料应用手册》

此手册是一部大型的工具书，1985年初版（10个分册），1989年9月合订本（上、下册）出版，2012年8月合订本（上、下册）第二版出版。

1. 《染料应用手册》（初版）

在 1982—1985 年期间陆续出版，共 17 篇，分为 10 个分册，1985 年初版完成，共 315 万字。本套手册共收集染料 3912 种（涉及国内外主要厂商），按照其使用性能的不同分为 15 个大类，呈现出"全、新、详、明"的鲜明特色，曾被誉为中国式的"染料索引"。该手册由纺织工业出版社出版发行。

第一分册：《直接染料》，于 1983 年 5 月出版，对直接染料的分类、特性、染色机理和染色工艺等进行阐述，同时对 79 种直接耐晒染料、32 种一般直接染料、27 种直接铜盐染料进行逐一介绍。

第二分册：《酸性染料》，于 1983 年 3 月出版，对酸性染料的分类、染色机理、染色工艺和印花工艺等进行阐述，同时对 36 种强酸性染料、72 种弱酸性染料进行逐一介绍。

第三分册：《酸性媒介、酸性络合与中性染料》，于 1984 年 2 月出版。此分册共包括 3 篇内容，其中第三篇对酸性媒介染料的分类、染色机理、染色工艺和印花工艺等进行阐述，同时对 39 种酸性媒介染料进行介绍；第四篇对酸性络合染料的染色工艺、染色机理等内容进行阐述，同时对 20 种酸性络合染料进行介绍；第五篇对中性染料的染色机理、染色工艺和印花工艺等进行阐述，同时对 28 种中性染料和 11 种中性增艳染料进行介绍。

第四分册：《阳离子染料》，于 1984 年 8 月出版，对阳离子染料的分类、染色机理、染色和印花工艺等进行阐述，同时对 108 种酸性染料进行逐一介绍，其中包括 9 种普通阳离子染料、7 种 X 型阳离子染料、5 种 M 型阳离子染料、25 种阿斯屈拉崇染料、11 种卡磁隆和麦西隆染料、14 种碱性染料等。

第五分册：《分散染料》，于 1985 年 6 月出版，对分散染料的染色原理、特性、染色工艺、分类和印花工艺等进行阐述，同时对 16 种低温型分散染料、10 种中温型分散染料、24 种高温型分散染料进行逐一介绍。

第六分册：《活性染料》，于 1985 年 5 月出版，对活性染料的分类、染色工艺、性能、印花工艺和染色机理等进行阐述，同时对 15 种 X 型活性染料、26 种 K 型活性染料、8 种 KN 型活性染料、12 种 M 型活性染料和 8 种 KD、KE、KP 型活性染料进行逐一介绍。

第七分册：《还原染料与可溶性还原染料》，于 1982 年 11 月出版。此分册共包括两篇内容，对还原染料和可溶性还原染料的染色工艺、染色原理和印花工艺等进行阐述，同时对 79 种还原染料和 27 种可溶性还原染料进行介绍。

第八分册：《硫化染料与缩聚染料》，于 1985 年 4 月出版。此分册共包括两篇内容，其中第 11 篇对硫化染料的染色工艺和染色机理等进行阐述，同时对 22 种硫化染料进行介绍；第 12 篇对缩聚染料的染色原理、染色工艺、印花工艺等进行阐述，同时对 7 种缩聚染料进行介绍。

第九分册：《不溶性偶氮染料》，于 1985 年 7 月出版，对不溶性偶氮染料的分类、染色机理、染色工艺和印花工艺等进行阐述，同时对 33 种色酚、39 种色基、16 种色盐进行介绍。

第十分册：《酞菁、苯胺黑、涂料与荧光增白剂》，于 1985 年 7 月出版。此分册共包括 4 篇内容，其中第 14 篇对涂料的组成、应用原理和印花工艺等进行阐述，同时对 13 种涂料进行介绍；第 15 篇对酞菁的染色原理、染色工艺、印花工艺等进行阐述，同时对 10 种酞菁素进行介绍；第 16 篇对苯胺黑的形成、染色机理、染色工艺和印花工艺等进行阐述；第 17 篇对荧光增白剂的分类、增白机理、应用工艺等进行阐述，同时对 11 种荧光增白剂进行介绍。

2.《染料应用手册》（合订本）

为进一步方便读者查阅，1989 年 9 月，纺织工业出版社出版了《染料应用手册》的合订本，共 16 篇，分成上、下两册。上册包含"酸性染料""酸性络合染料""分散染料""直接染料""中性染料"和"酸性媒介染料"6 篇内容；下册包含"活性染料""可溶性还原染料""苯胺黑""硫化染料""还原染料""不溶性偶氮染料""缩聚染料""涂料""阳离子染料""荧光增白剂"10 篇内容。

3.《染料应用手册》（第 2 版）

此版在《染料应用手册》（合订本）的基础上，进一步完善和创新，于 2012 年 8 月，由中国纺织出版社出版，共 309.2 千字，分成上、下两册。本手册按照染料的应用类别划分为 16 篇，阐述了各类染料的分类、特性、染色原理、印花工艺等，在此基础上，每一篇均以"各论"的方式，对同一染料大类所包含的不同染料的性能、色牢度、使用情况等方面进行详细的介绍。

上册包含"直接染料""硫化染料""还原染料""活性染料""可溶性还原染料""染料应用基础""不溶性偶氮染料"7 篇内容；下册包含"酸性媒介染料""酸性染料""酸性络合染料""分散染料""阳离子染料""中性染料""涂料""天然染料""荧光增白剂"9 篇内容。

（九）《印染手册》

该手册是在《棉布印染实用手册》（1965 年 8 月中国财政经济出版社出版，

上海市纺织工程学会编写）的基础上，对工艺、检验、附录等内容均做较大幅度的修订和完善而形成的。此手册共涵盖"染色""练漂""整理""印花""设备""检验"和"附录"7篇内容，于1978年9月创办，由上海市印染工业公司编写，由中国纺织出版社出版发行。

2003年5月，《印染手册》第二版出版，在第一版的基础上，将第一版的7篇调整为8篇内容，分别是"染色""练漂""整理""印花""设备""试化验""废水处理""工厂设计"，增加了新工艺和环保等方面的相关内容。

（十）《丝绸染整手册》

《丝绸染整手册》，于1982年10月出版第一版，由纺织工业出版社出版发行。共包含6篇内容，分为上册和下册，上册包括练染、坯绸原料和印花3篇内容，下册包括设备、整理和附录3篇内容。

1995年12月出版第二版，由中国纺织出版社出版，是在第一版的基础上修订完成的，分为6篇，每一篇的名称和第一版相同，但是内容都进行了不同程度的调整和更新。在第一篇"坯绸原料"中增加了纤维鉴别方法等相关内容；第二、三篇"练染"和"印花"中，不仅对第一版中涉及的工艺处方做了相应调整，而且还增加了相关的工艺内容；第四篇"整理"部分，则进行了重新编写；第五篇"设备"则相应增加了国产和引进的新设备仪器的相关内容；第六篇"附录"中增加了新的检测方法等内容。

第五节　其他

本节主要介绍纺织类词典以及期刊的相关内容。

一、词典

（一）概念

1. 词典

词典，亦称辞典，是按照一定次序进行编排的常用参考型工具书。词典是对语言、事物名词等词语的汇集，同时对每一条词语进行解释，以方便读者查阅参考。

在我国，尚有字典和词典之分，但是西方却统称为"Dictionary"。

《尔雅》，是中国最早的词典，于西汉初编纂形成。

《苏美尔-阿卡德语双语难词表》，于公元前 7 世纪的亚述帝国时期编纂而成，是现有的世界范围内保存时间最久远的词典。

2. 纺织词典

纺织词典是收集纺织相关学科专业词汇的一种综合性工具书，以充分反映纺织新工艺、新原料、新产品、新技术等的词目收录为主体，同时也对更新内容或者注释的词目进行适当收录。

（二）词典的分类

1. 根据所采用的语种多少，词典又可以划分为多语词典和单语词典两大类。

（1）多语词典

多语词典，又被人们称为"外语词典"，这类词典主要以双语词典为主，是对于不同语言进行相互翻译的词典，通过一个语种去查阅另外一个语种的释义，主要用于翻译和阅读外文类书刊等，如《俄汉大辞典》《新英汉词典》《日汉辞典》等。但是也有一部分双语词典，不仅可以供读者翻译外文书刊以及阅读使用，而且还可以供读者查找释义来使用，同时具备了单语、多语词典的功能。

对于两个语种以上的词典，在涉及多个语种语言的词汇对照表中比较多见，如《日英汉纺织工业词汇》，就是用日、英、汉三个语种来注释词条，实用性强，适用面宽，查阅方便。

（2）单语词典

单语词典，一般指的是词目、释义均采用同一语种的词典，主要用作对科技类名词的解释及说明，如《化工词典》（中文版）、《纺织词典》（英文版）。

2. 根据不同的收录内容，可以将词典划分为百科词典、语言词典两大类。

（1）百科词典

百科词典，是语言词典和百科全书二者相互融合而形成的，可以细分为综合性百科词典［如《辞海》（旧版）］和专科性百科词典（如《中国历史大辞典》《经济大辞典》）。

（2）语言词典

语言词典，主要用于收录语词，但是现代的语言词典，尤其是较大型的语言词典会收录越来越多的百科词目等，如中国的《辞海》。

3. 根据收词量的多少，可以划分为大词典、小词典、中型词典和袖珍词典四大类。

(三) 常用纺织类词典简介

1. 《纺织词典》

1991年8月，由上海辞书出版社出版发行，该词典共收录5400余条纺织类的名词和术语，涵盖了纺织纤维、纺织综论、化学纤维，棉毛麻丝绢制造，机织、针织、染整工程等学科专业名词术语，部分与纺织相关的名词术语。

《纺织词典》的正文按照词语条目的首字笔画数以及起笔笔形顺序进行排列，起笔笔形按照"一""丨""丿""丶""㇆"的顺序依次排列。如果第一个字相同，则按照词语条目字数由小到大的顺序进行排列；如果第一个字和词语条目的字数都相同，那就按照第二个字的笔画数以及起笔笔形的顺序进行排列，以此类推。如首字为数字或外文字母，则排在最后。

2. 《纺织辞典》

2007年1月，由中国纺织出版社出版，本辞典收录纺织以及相关学科专业的名词术语1万余条。中文词语条目按照首字笔画数以及起笔笔形顺序进行排列，起笔笔形按照"一""丨""丿""丶""㇆"的顺序依次排列。如果第一个字相同，则按照词语条目字数由小到大的顺序进行排列；如果首字和字数均相同，则按第二个字的笔画数和起笔笔形顺序进行排列，以此类推。如首字为数字或外文字母，则排在最后，作为"其他"。

3. 《现代纺织词典》

1993年8月，由中国纺织出版社出版，该词典共收录2000余条纺织相关的名词和术语。词目按照第一个字的笔画数和起笔的笔形进行排序，顺序为"一""丨""丿""丶""㇆"。如第一个字相同，则按照词目字数由少到多进行排序；如第一个字和字数均相同，则按照第二个字的起笔笔形进行排序；以此类推。

4. 《汉英纤维及纺织词典》（*Chinese-English Fibre and Textile Dictionary*）

1997年6月，由化学工业出版社出版，该词典共收录6万余条纤维及纺织相关词条，按照词条的汉语拼音字母顺序进行排列，如第一个字相同，则按照第二个字的汉语拼音字母的顺序进行排列；如果第二个字仍然相同，则按照第三个字的汉语拼音字母的顺序进行排列；以此类推。

5. 《日英汉纺织工业词汇》（*Japanese–English–Chinese Textile Industry Dictionary*）

2018年12月，由中国纺织出版社出版，本词汇收录与纺织行业相关的词目18445条，计50余万字，主要涵盖棉麻丝毛、化纤、针织、环保、印染、服装和外贸、测试等方面的词汇。

该词汇本着实用、方便读者阅读和查找的原则,按照日文五十音图的顺序进行排列。

6.《英汉汉英纺织服装词典》(An English‑Chinese & Chinese‑English Dictionary of Textile & Apparel)

2016年1月,由东华大学出版社出版,本词典共收录纺织服装类的有关原料、产品、工艺、设备以及测试等的常用词汇4.3万余条,其中,英汉部分按照英文字母的顺序进行排列,汉英部分则按照汉语拼音字母的顺序进行排列。该词典以袖珍本形式出版发行,以方便各类读者学习使用。

7. 英汉、日汉、俄汉、德汉纺织工业词汇

《英汉纺织工业词汇》于1980年10月出版发行,《日汉纺织工业词汇》于1983年8月出版发行,此两种词典均由上海市纺织工业局编写。《俄汉纺织工业词汇》,于1985年6月出版发行,由上海市纺织科学研究院主编。《德汉纺织工业词汇》,于1983年12月出版发行,由天津市纺织工业局编写。

英汉、日汉、俄汉、德汉4种《词汇》,均收录了6万余条词目,内容主要包含了纺纱、纺织材料、化学纤维生产、针织、服装、染整、机织、测试等方面的专业词汇,同时还收录了和纺织工业相关的电工、机械、外贸类的词汇。对于纺织科技人员而言,该4种《词汇》是不可或缺的专业外语词典。

(1)《英汉纺织工业词汇》(An English‑Chinese Textile Dictionary),于1980年10月由纺织工业出版社出版发行。本词典共收录58800余条词汇条目,主要包含纺织染整、纤维材料、化学纤维生产、针织等方面的专业词汇,同时还收录了和纺织工业相关的电工、机械、外贸和服装类的词汇。本词典按照英文字母顺序进行排列。在必要的时候加注专业略语,专业略语用"《》"表示,本词典所用的专业略语主要有以下几类:

表4-5 《英汉纺织工业词汇》专业略语—专业词汇对应表

序号	专业略语	专业词汇	序号	专业略语	专业词汇
1	《化纤》	化学纤维	11	《染整》	漂染、印花、整理
2	《棉》	棉纺织及其原料	12	《试》	试验、测试
3	《毛》	毛纺织及其原料	13	《裁》	裁剪
4	《麻》	麻纺织及其原料	14	《缝》	缝纫

续表

序号	专业略语	专业词汇	序号	专业略语	专业词汇
5	《丝》	缫丝、丝织及其原料	15	《机》	机械
6	《绢》	绢纺	16	《电》	电气和电子
7	《针》	针织	17	《计算机》	电子计算机
8	《化》	化学和化工	18	《环保》	环境保护和三废治理
9	《数》	数学	19	《自动》	自动控制
10	《物》	物理	—	—	—

《英汉纺织工业词汇（续编）》（*A Continuation of the English-Chinese Textile Dictionary*），于1991年11月由纺织工业出版社出版。在《英汉纺织工业词汇》（1980年版）的基础上，补充了纺织科技发展10年来出现的新词汇16000余条，专业略语相一致。

《英汉纺织工业词汇（正续编合订本）》（*An English-Chinese Textile Dictionary and Its Supplement*），于1992年10月由纺织工业出版社出版。该合订本由《英汉纺织工业词汇》和其续编的词汇汇集合订形成，其内容并未改动，更加方便了读者阅读。该合订本共收入词条74800条，主要以印染、服装、针织等专业词汇为主，其他与纺织相关的词汇也同时被收录。

（2）《日汉纺织工业词汇》，于1983年8月由中国纺织出版社出版发行。本词典共收录涵盖棉毛麻丝、针织、服装、化纤、印染、机械、化工、环保、外贸等方面的词汇42500余条。

本词典按照日文五十音图顺序排列，词汇则按照清、浊、半浊音的顺序排列。本着方便读者查阅的宗旨，对于适用专业不够明显的，采用在其译名后面的"《》"内加注专业略语的方式表述。具体见表4-6：

表4-6 《日汉纺织工业词汇》专业略语—专业词汇对应表

序号	专业略语	专业词汇	序号	专业略语	专业词汇
1	《棉》	棉纺织及其原料	10	《裁》	裁剪
2	《毛》	毛纺织及其原料	11	《试》	试验分析
3	《丝》	丝织、缫丝及其原料	12	《机》	机械

续表

序号	专业略语	专业词汇	序号	专业略语	专业词汇
4	《绢》	绢纺	13	《空》	空调
5	《麻》	麻纺织及其原料	14	《环保》	环境保护及三废处理
6	《化纤》	化学纤维	15	《数》	数学
7	《针》	针织	16	《物》	物理
8	《染整》	印染、整理	17	《化》	化学、化工
9	《缝》	缝纫	18	《电》	电气、电子计算机

（3）《俄汉纺织工业词汇》，于1985年6月由纺织工业出版社出版发行。该词典共收录纺织类相关单词、词组63000余条，词目按照俄文字母顺序进行排列。如若干词组均由同一名词构成，便以该名词为中心，按照"名词""形容词［+形容词］+名词［+变格名词或前置词短语］""名词+变格名词或前置词短语"的顺序进行排列。

在必要的时候加注专业略语，专业略语用"《》"表示，本词典所用的专业略语主要有以下几类：

表4-7 《俄汉纺织工业词汇》专业略语—专业词汇对应表

序号	专业略语	专业词汇	序号	专业略语	专业词汇
1	《棉初》	棉花初加工	15	《麻纺》	麻纺
2	《纺》	纺纱	16	《绢》	绢纺
3	《棉纺》	棉纺	17	《废纺》	废纺
4	《毛纺》	毛纺	18	《缫》	缫丝
5	《织》	织造	19	《铸》	铸造
6	《染整》	染整	20	《数》	数学
7	《针》	针织	21	《统》	统计
8	《化纤》	化学纤维生产	22	《计》	计算机和计算技术
9	《蚕》	蚕桑	23	《电》	电气
10	《缝》	缝纫	24	《机》	机械
11	《试》	试验	25	《建》	建筑

续表

序号	专业略语	专业词汇	序号	专业略语	专业词汇
12	《理》	物理	26	《通》	通风
13	《化》	化学和化工	27	《环保》	环境保护
14	《生》	生物	—	—	—

（4）《德汉纺织工业词汇》，于 1983 年 12 月由纺织工业出版社出版。本词典共收录涵盖纺织、染整、纤维材料、服装等专业词汇 6 万余条。本词典按德文字母顺序进行编排。其中，名词的首字母大写，其后的斜体字表示其词性；形容词首字母、分词首字母、动词的首字母均采取小写形式，其后无词类标记；由名词构成的复合词均排在该名词之下，并且用"～"符号来表示该名词，同时按照"名词""形容词或者分词+名词""名词+名词第二格""名词+介词短语"的顺序进行排列。

本词典使用的专业略语有以下几类：

表 4-8 《德汉纺织工业词汇》专业略语—专业词汇对应表

序号	专业略语	专业词汇	序号	专业略语	专业词汇
1	《化纤》	化学纤维	11	《计算机》	电子计算机
2	《棉》	棉纺织及其原料	12	《化》	化学和化工
3	《毛》	毛纺织及其原料	13	《数》	数学
4	《丝》	缫丝、丝织及其原料	14	《物》	物理
5	《麻》	麻纺织及其原料	15	《生》	生物
6	《绢》	绢纺	16	《建》	土建
7	《针》	针织	17	《环保》	环境保护和三废处理
8	《染整》	漂染、印花、整理	18	《服》	服装及裁剪
9	《缝》	缝纫	19	《试》	试验、测试
10	《纺机》	纺织机械	20	《电》	电气和电子

8.《针织工业词典》（*The Dictionary of Knitting Industry*）

2000 年 3 月，由中国纺织出版社出版。该词典收录了 2100 余条与针织生产相关的术语和名词，共分为九大部分内容。

该词典的词目目录和正文，均按照词语条目首字的笔画数以及笔画顺序［"一（横）""丨（竖）""丿（撇）""、（点）""一（折）"］进行排列，字数少的排在前面，字数多的排在后面。如果条目的第一个字和字数均相同，便按照第二个字的笔画数以及笔画顺序［"一（横）""丨（竖）""丿（撇）""、（点）""一（折）"］进行排列。如首字为阿拉伯数字或外文字母，则该词目集中排列在目录的最后。

9.《纺织词汇手册　英汉·汉英》(*An English-Chinese Chinese-English Glossary of Textiles*)

2009年6月，由上海外语教育出版社出版。本手册分为英汉和汉英两部分，双向收录词汇各10000余条，涵盖纺织业及与之密切相关的服装、染整、化工等多个领域。其中，英汉部分按照字母顺序进行排列，以非英文字母开头的放在英汉部分正文后；汉英部分按照拼音音序进行排列，同音字按照笔画多少进行排列，非汉字开头的放在汉英部分正文后。

二、期刊

（一）概念

期刊的概念最早于1964年进行界定。不同的机构对其定义也有所区别。

期刊又被称为"杂志"，是一种连续出版物，可以采取定期发行或者不定期发行的方式出版。每一期的版式大致相同，均有相对固定的名称，可以采用卷、期的顺序进行编号、成册，或者采用年、月的顺序进行编号、成册。

（二）分类

1. 根据期刊的不同出版周期，期刊可分为以下类型：

周刊（weekly）：一周出版一期，如《纺织服装周刊》《山东教育》等。

旬刊（3 times a month）：一旬出版一期。一般而言，旬刊所包含的内容会比季刊和月刊简洁，比周刊和日报要翔实，如《高教学刊》《科学技术与工程》等。

半月刊（semi-monthly）：每半月出版一期，如《求是》《现代教育》等。

月刊（monthly）：每月出版一期，如《针织工业》《纺织学报》等。

双月刊（bio-monthly）：每两个月出版一期，如《现代纺织技术》《纺织导报》等。

季刊（quarterly publication）：一个季度出版一期，如《纺织科学与工程学报》《河北纺织》等。

半年刊（semi-annual）：每半年出版一期，如《中国文化》《古籍研究》等。

年刊（annual year book）：每年出版一期，如《古典文献研究》《西南古籍研究》等。

2. 根据期刊文种的不同，可以分为中文期刊（如《棉纺织技术》）和外文期刊（如 Textile World）。

3. 根据其对内容加工处理的深度不同，又可以分为以下三种：

①一次文献期刊

一次文献期刊指的是主要用于发表原始论文的期刊，内容包括会议报道、学术论文、实验报道和研究报道等，如《化学教育》《大学化学》等。

②二次文献期刊

通常指的是对于原始文献进行系列的加工和处理，并且按照一定的规则进行著录和排序，从而可以为用户直接提供检索资料的相关期刊，包括期刊性的索引、目录和文摘等，如《科学引文索引》《化学文摘》等。

③三次文献期刊

三次文献期刊，一般指的是具有浓缩性的评述性和综述性的期刊，这类期刊是以二次文献为基础，经过对一次文献中一大批具有较高价值的知识与信息进行浓缩而形成的，如《化学进展》、《化学评论》（Chemical Reviews）等。

4. 根据学科性质的不同，可以分为社会科学类、自然科学类、应用技术类以及综合性四种类型的期刊。

5. 根据载体形式的不同，可以分为缩微型、光盘型、印刷型、视听型、机读型以及电子类六种类型的期刊。

6. 根据期刊主管部门的不同，可以分为地方性和全国性两种类型的期刊。

7. 根据期刊信息密度的不同，可以分为核心期刊和非核心期刊。

8. 根据期刊内容的不同，可以分为杂志和学术期刊两大类。

（三）纺织期刊

纺织期刊主要是用于登载纺织类的研究成果、生产技术资料以及科学论文的期刊，对于传播、相互交流纺织技术以及纺织知识，进一步促进纺织工业以及纺织科学发展具有重要意义。

1. 纺织期刊发展历史

（1）世界纺织期刊出版史上首个兴盛时期

纺织期刊，于19世纪下半叶开始出现，此后的30年时间，是世界纺织期刊出版史上的首个兴盛时期。《纺织世界》（美国）是世界范围内最早出版的纺织期刊，于1868年创刊。中国最早的纺织期刊为《纺织研究会志》，此期刊是清末出版的，作者系中国的留日学生。

表4-9　世界主要纺织期刊一览表（第一个兴盛时期）

序号	期刊名称	创刊时间	国别	备注
1	《纺织世界》	1868年	美国	世界最早出版
2	《纺织企业》	1883年	德国	—
3	《纺织工业》	1884年	法国	—
4	《染色家协会会志》	1885年	英国	—
5	《印度纺织杂志》	1890年	印度	—
6	《纺织学会会志》	1910年	英国	—
7	《纺织工业》	1898年	美国	—

表4-10　中国主要纺织期刊一览表（第一个兴盛时期）

序号	期刊名称	创刊时间	备注
1	《纺织研究会志》	清末	中国最早
2	《华商纱厂联合会季刊》	1919年	国内最早出版
3	《纺织周刊》	1931年	—
4	《人钟月刊》	1931年	—
5	《染化》	1938年	—
6	《纺织染工程》	1939年	—

（2）世界纺织期刊出版史上第二个兴盛时期

随着全球纺织工业的蓬勃发展和快速恢复，在第二次世界大战后，便出现了纺织期刊出版的第二个兴盛时期。

表 4-11 世界主要纺织期刊一览表（第二个兴盛时期）

序号	期刊名称	创刊时间	国别	备注
1	《纤维工业》	1946 年	中国	—
2	《公益工商通讯》	1947 年	中国	—
3	《纺织建设》	1947 年	中国	—
4	《中国纺织》	1950 年	中国	—
5	《纺织通报》	1954 年	中国	—
6	《华东纺织工学院学报》	1956 年	中国	—
7	《染整通报》	1957 年	中国	—
8	《丝绸》	1958 年	中国	—
9	《纺织技术》	1962 年	中国	—
10	《棉纺织技术》	1973 年	中国	—
11	《针织工业》	1973 年	中国	—
12	《毛纺科技》	1973 年	中国	—
13	《印染》	1975 年	中国	—
14	《纺织学报》	1979 年	中国	—
15	《纺织器材》	1979 年	中国	—
16	《纺织工业》	1941 年	苏联	—
17	《实用纺织》	1946 年	西德	—
18	《纤维机械学会志》	1948 年	日本	—
19	《国际纺织通报》	1959 年	瑞士	四个分册

2. 中华人民共和国成立前中国纺织类期刊刊发情况

本统计数据以《1833—1949 全国中文期刊联合目录》增订本以及补充本两种目录为基础。据统计，在中华人民共和国成立前，我国有 70 余种主要的纺织类期刊。（见表 4-12）

表4-12 中华人民共和国成立前中国主要纺织期刊一览表

序号	刊物名称	出版单位	出版时间
1	《柞蚕杂志》	浙江农工研究会	1906年
2	《农桑学杂志》	群益书社	1906年6月—1907年7月
3	《蚕学报》	广东蚕业学堂	1908—1910年
4	《中国蚕丝业会报》	中国蚕丝业事务所	1909年8月—1910年
5	《四川蚕丛报》	四川蚕丛报社	1909年
6	《蚕丛》	成都蚕丛报馆	1910年11月—1911年6月
7	《织锦》	织锦杂志社	1917年
8	《华商纱厂联合会半年刊》	华商纱厂联合会	1919年9月—1934年12月
9	《江苏省立育蚕试验所汇刊》	江苏省立育蚕试验所	1919—1921年
10	《上海华商棉业公会周刊》	上海华商棉业公会	1921年1月—1924年6月
11	《纺织年刊》	中国纺织学会	1921—1949年
12	《棉业画刊》	天津棉业工会	1922年6月
13	《蚕丝专刊》	江阴中华农学会	1923年3月
14	《纺织时报》	上海华商纱厂联合会	1923年4月—1937年8月
15	《女蚕》	江苏省立女子蚕业学校校友会/中央大学区立女子蚕业学校校友会	1923—1936年
16	《棉业季刊》	棉业季刊	1923年
17	《棉业年报》	南通通如棉业公会	1924年6月
18	《蚕丝业月刊》	成都高等蚕业讲习所同学会	1924年10月—1925年6月
19	《蚕校月刊》	浙江省立蚕业学校	1926年5月—1926年10月
20	《蚕业导报》	广东建设厅蚕丝改良局	1929年1月—1932年6月
21	《蚕业月报》	广东全省改良蚕丝局	1929年2月—1932年6月
22	《北平纺织染研究会季刊》	北平纺织染研究会	1929年6月

续表

序号	刊物名称	出版单位	出版时间
23	《蚕声》	国立浙江大学农学院蚕桑系同学会	1929年12月—1939年9月
24	《纺织学友》	上海南通学院纺织科	1931年1月
25	《纺织之友》	上海南通学院纺织科学友会	1931年4月—1940年6月
26	《纺织周刊》	上海纺织书报出版社	1931年4月—1949年1月
27	《中华棉产改进会月刊》	中华棉产改进会	1931年8月—1937年2月
28	《人钟月刊》	人钟月刊杂志社	1931年9月—1932年2月
29	《蚕友》	安徽省立女子中等职业学校	1933年1月
30	《杼声》	上海南通学院纺织科	1933年5月—1948年3月
31	《棉业》	湖南棉业试验场	1933年8月—1935年5月
32	《蚕丝技术月刊》	浙江省蚕种制造技术改进会	1933年10月—1936年4月
33	《汉口棉检周刊》	实业部汉口商品检验局	1933年10月—1934年7月
34	《纺织特号》	国立北平工学院纺织系同学会	1933—1934年9月
35	《棉讯》	中华棉产改进会	1934年1月—1934年6月
36	《纺织染》	中华纺织染杂志社编辑部	1934年8月—1950年4月
37	《绸缪月刊》	上海绸业银行	1934年9月—1937年7月
38	《蚕丝统计月刊》	全国经济委员会蚕丝改良委员会	1935年4月—1937年5月
39	《纺织世界》	上海纺织世界社	1935年5月—1937年7月
40	《染织》	浙江省立高级工业职业学校	1935年6月—1936年5月
41	《中国蚕丝》	全国经济委员会蚕丝改良委员会	1935年8月—1937年6月
42	《陕西棉讯》	陕西省棉产改进所	1935年8月—1936年12月
43	《染织纺》	染织纺周刊社	1935年8月—1941年8月
44	《棉级丛刊》	南京棉业统制委员会	1935—1936年
45	《浙棉》	浙江省棉业改良场	1936年1月—1937年9月
46	《棉业月刊》	棉业统制委员会	1937年1月—1937年7月
47	《蚕丝丛刊》	广东全省改良蚕丝局	1937年6月—1937年12月
48	《纺织染工程》	中国纺织染工程研究所	1939年5月—1953年12月

续表

序号	刊物名称	出版单位	出版时间
49	《蚕丝月报》	蚕丝月报社	1939年10月—1940年12月
50	《纺织染季刊》	上海苏工纺织染学会	1939年10月—1949年1月
51	《丝业之友半月刊》	上海丝友社	1939年12月—1941年
52	《纺工》	南通学院纺工出版委员会	1941年1月—1941年7月
53	《中国纺织学会会刊》	中国纺织学会	1943年4月—1944年12月
54	《华北纤维汇报》	华北纤维统制总会	1943年12月—1945年2月
55	《纺声》	上海纺织工业专科学校	1945年3月—1945年4月，1948年2月
56	《纤维工业》	上海纤维工业出版社	1945年11月—1952年11月
57	《纺织染通讯》	乐山国立中央技艺专科学校	1946年1月—1950年10月
58	《蚕业通讯》	浙江省蚕业推广委员会	1946年7月—1946年12月
59	《中蚕通讯》	中国蚕丝公司	1946年10月—1948年5月
60	《青纺旬刊》	中国纺织建设公司青岛分公司	1946年—1949年4月
61	《蚕丝杂志》	苏州中国蚕丝杂志社	1947年1月—1948年12月
62	《中国棉讯》	中国棉讯半月刊	1947年5月—1949年4月
63	《中国棉业副刊》	南京棉产改进咨询委员会	1947年7月—1949年1月
64	《棉布月报》	上海市棉布商业同业公会	1947年8月—1948年8月
65	《纺建》	上海中国纺织建设公司	1947年11月—1949年1月
66	《纺织建设》	上海中央人民政府纺织工业部华东纺织管理局计划处	1947年11月—1953年3月
67	《棉业月报》	广州棉业月报社	1947年11月—1948年1月
68	《纺织工业》	上海市商会	1947年
69	《中国纺织学会年刊》	中国纺织学会青岛分会	1947年
70	《中国棉业》	农林部棉产改进会	1948年1月—1948年11月

3. 中国近代纺织期刊出版情况

（1）总体情况

根据吴川灵撰写的对于我国近代纺织期刊研究的相关文献记载，我国近代有200余种纺织期刊，大致可以划分为纺纱织造类、纺织原料类、服装类、综合性和印染类五大类。

表4-13　中国近代纺织期刊创办情况一览表

序号	期刊分类	最早创办期刊名称	创办（主办）单位	期刊种数	创办时间
1	纺纱织造类	《华商纱厂联合会季刊》	华商纱厂联合会主办	28	1919年
2	纺织原料类	《蚕学月报》	武昌农务学堂创办	110	1904年
3	服装类	《装束美》	上海装束美研究会主办	4	1927年
4	综合性	《纺织年刊》	中国纺织学会创办	46	1921年
5	印染类	《拂晓月刊》	上海印染公司主办	4	1932年

据统计，1900年、1910年创办的纺织期刊分别有7种；1920年增加到28种；1930年，随着纺织工业的迅猛发展，纺织期刊创办的数量亦迅速增加，达到79种，是1900年代的11倍之多，占比高达41%；而到了1940年则有所回落，创刊数量为71种。

对于纺织期刊而言，出版机构存在多样化的特点，可以是官方机构，也可以是学校以及企业，或者是学术团体、行业组织以及杂志社等。据统计，官方机构出版的纺织期刊种类最多，数量为67种，占比达到35%以上；高校出版的刊物亦有30种之多。

据统计，纺织刊物的出版地涉及20个省份，其中上海出版数量遥遥领先，高达65种，占比约为34%，这与上海纺织业的发达程度有很大关系。

（2）学校出版情况

由学校出版的我国近代纺织期刊有30种，其中原料类15种，综合性14种，印染类1种。

学校出版刊物所刊载的主要内容，从纺织染各个领域介绍了生产技术及革新方法，真实记录了纺织科技的进步。学校出版的主要纺织期刊如表4-14所示。

表4-14 学校出版的主要纺织期刊一览表

序号	学校名称	出版刊物名称	创刊时间
1	南通学院	《纺织之友》	1931年
2		《纺织学友》	1931年
3	南通学院	《杼声》	1933年
4		《染化月刊》	1939年
5		《纺工》	1941年
6		《纺修》	1947年
7	苏州工业专科学校	《纺织染季刊》	1939年
8	上海纺织工业专科学校	《纺声》	1945年
9	中央技艺专科学校	《纺织染通讯》	1946年
10	上海文绮染织专科学校	《纤声》	1949年
11	浙江高级工业职业学校染整工程学会	《染织月刊》	1934年
12	北平大学工学院	《纺织染》	1937年
13	西北工学院纺织通讯社	《纺织通讯》	1947年

在我国近代，行业、企业出版了80余种纺织期刊，其中行业组织出版30余种，企业出版50余种。这些纺织期刊中，纺织原料类20余种，其他四类共60余种。出版地主要分布在上海、北京、湖北、山东、江苏、湖南、天津和广西等地。有30余种主要的纺织期刊出版单位具有较大影响力、出版时间较长或者创刊时间较早。这些期刊详细记录了中国纺织工业发展的一点一滴。

表4-15列出了中国近代行业组织、企业出版的重要纺织期刊各6种。

表4-15 行业、企业出版的重要纺织期刊一览表

序号	刊物名称	行业（企业）名称	创刊时间	备注
1	《中国蚕丝业会报》	中国蚕丝业会	1909年	行业
2	《华商纱厂联合会季刊》	华商纱厂联合会	1919年	行业
3	《染织纺周刊》	上海机器染织业同业公会	1934年	行业
4	《西服工人》	上海市西服业职业工会	1946年	行业
5	《棉布月报》	上海市棉布商业同业公会	1947年	行业

续表

序号	刊物名称	行业（企业）名称	创刊时间	备注
6	《棉纺会讯》	苏浙皖京沪区棉纺织工业同业公会	1948年	行业
7	《恒丰周刊》	恒丰纺织新局周刊社	1924年	企业
8	《人钟月刊》	申新纺织公司第三纺织厂人钟月刊社	1931年	企业
9	《拂晓月刊》	上海印染股份有限公司拂晓月刊社	1932年	企业
10	《苏纶半月刊》	苏州苏纶纺织厂苏纶学术会	1932年	企业
11	《中蚕通讯》	中国蚕丝公司	1946年	企业
12	《纺织建设月刊》	中国纺织建设公司纺织建设月刊社	1947年	企业

4. 几种主要的纺织期刊简介

（1）《纺织学报》（Journal of Textile Research）

《纺织学报》是自然科学综合性学术期刊，由中国纺织工程学会主办。《纺织学报》于1979年创刊，2006年由双月刊调整为月刊。

（2）《东华大学学报（自然科学版）》（Journal of Donghua University, Natural Sciences）

纺织科学和纺织类相关学科是该学报的特色，《东华大学学报（自然科学版）》是学术性期刊，由东华大学主办，于1956年创刊，为双月刊。

（3）《棉纺织技术》（Cotton Textile Technology）

《棉纺织技术》，属科技类期刊，由陕西省纺织科学研究所以及中国纺织信息中心两个单位共同主办，具有"前瞻性、适用性、操作性"的独特风格。《棉纺织技术》于1973年创刊，为月刊。

（4）《印染》（Dyeing and Finishing）

《印染》主要刊载印染工业的生产技术经验、科研技术改革成果，以及国内外印染技术的发展状况等相关内容。《印染》于1975年创刊，为半月刊。

（5）《丝绸》（Journal of Silk）

《丝绸》，于1956年创刊，为月刊。创刊时名为《浙江丝绸工业通讯》，当时是以报纸的形式出版发行的；1956—1958年，先后更名《浙江丝绸》《丝绸情报》《丝绸通讯》；该刊于1964年开始正式改名为《丝绸》。在整个办刊过程中，有过两次停刊经历，一是1959—1963年停刊，二是1967—1970年停刊。

《丝绸》所刊载的内容主要是印染工业相关领域的生产技术经验、科研技术改革成果以及国内外印染技术的发展状况等，该期刊由浙江理工大学、中国丝绸协会、中国纺织信息中心三个单位共同主办。

（6）《产业用纺织品》（*Technical Textiles*）

《产业用纺织品》，是国内纺织领域学术类、综合性的中文核心期刊，由东华大学主办，于1983年创刊，为月刊。

（7）《毛纺科技》（*Wool Textile Journal*）

该期刊于1973年创刊，1974年调整为双月刊；2004年，该刊由双月刊调整为月刊。

（8）《针织工业》（*Knitting Industries*）

《针织工业》于1973年创刊，为月刊。截至目前，《针织工业》是唯一一种在国内针织行业内公开发行的科技类期刊。

（9）《纺织导报》（*China Textile Leader*）

《纺织导报》是纺织类科技期刊，由中国纺织信息中心主办。《纺织导报》的前身是《纺织科技消息》，于1982年创刊，为半月刊。1983年，《纺织科技消息》更名为《纺织导报》；1993年，《纺织导报》调整为双月刊；2005年，《纺织导报》调整为月刊。

（10）《上海纺织科技》（*Shanghai Textile Science & Technology*）

该期刊是国内纺织技术类的综合性中文核心期刊，于1973年创刊，为月刊，由上海市纺织科学研究院主办。

（11）《合成纤维》（*Synthetic Fiber in China*）

《合成纤维》是国家级合纤类专业科技刊物，在国内外公开发行，由上海市合成纤维研究所出版发行。《合成纤维》于1972年创刊，为月刊。

第五章

纺织文献数字资源

第一节 数字资源概述

一、数字资源的定义

所谓数字资源，指的是将计算机技术、通信技术以及多媒体技术等多种技术进行融合而形成的以数字形式发布、存取、处用的信息资源总和。就文献信息的表现形式而言，数字资源是比较重要的一种。信息资源一般可统称为数字资源，同纸质资源相比，数字资源的类型更加丰富。

二、数字资源的分类

根据数据组织形式、存储介质、数据传播范围、资源提供者、资源类型、揭示层次以及语种的不同，数字资源可以分为不同的类型。

（一）根据数据组织形式的不同，可以分为电子图书、多媒体资料、数据库、网页和电子期刊等类型。

（二）根据存储介质的不同，可以分为光介质和磁介质两大类。磁介质如硬盘、磁带、磁盘阵列等，光介质如 LD、CD、DVD 等。

（三）根据数据传播范围的不同，可以分为局域网、广域网和单机等类型。局域网，指的是用户仅能在单位内部使用、在单位外不能访问的网络，用户可以利用局域网检索或者浏览单位内部的数字资源相关内容；广域网，指的是在任何地方用户都能利用网络对数字资源进行访问；单机，可以是安装在计算机上的数据，也可以是光盘等。

（四）根据资源提供者的不同，可以分为两大类：一是商业化数字资源，包括图书馆付费购买的数字资源，购买后再提供给相应的读者群体，如 Elsevier 公司的 SDOS，以及中国知网等。商业化数字资源，是图书馆馆藏文献资源建设的重要内容，其数据量非常可观，内容极其丰富。二是非商业化数字资源，包括图书馆自建的特色资源、其他免费的网络资源等内容。

（五）根据资源类型的不同，可以分为馆藏目录、会议论文、古籍文献、标准、多媒体资源、图书、百科/参考工具、学位论文、文摘索引、报纸以及开放获取资源等类型。

（六）根据揭示内容的不同，可以分为数值/事实数据库、工具型数据库、全文数据库、文摘/索引数据库、多媒体数据库、复合型数据库等。其中，全文数据库、文摘/索引数据库，还可以按照资源类型的不同进一步划分。

（七）根据语种的不同，可以分为中文、外文两种数字资源类型。

三、数字资源的引进类型

数字资源的引进类型主要包括多媒体数据库、全文数据库、工具型数据库、数值/事实数据库以及复合型数据库五种类型。

（一）多媒体数据库

多媒体数据库，是一种较为新型的数据库技术，是伴随着对多媒体数据进行存取、存储、管理和检索处理而出现的，是多媒体技术与数据库技术结合的产物。该数据库以声音或者移动的图像为主要内容，同时包含很小部分的全文数据以及其他相关内容的数据。该数据库中的数据是不规则的、非格式化的。

多媒体数据库可以分为视频数据库和音频数据库等类型。

（二）全文数据库

全文数据库，一般指的是能够存储文献的主要内容或者存储文献全文，并且可提供全文检索的源数据库。该数据库的发展以处理非结构化信息为基础，任意文本均可作为其存储对象。

全文数据库主要包括图书、期刊、学位论文、会议论文、报告、专利、标准、报纸、档案等不同内容、不同类型的全文数据库。

最常用的中文全文数据库主要有：中文科技期刊数据库、中国期刊全文数据库、万方期刊全文数据库等。

OVID 全文期刊库、ScienceDirect Onsite（荷兰）、ProQuest Medical Library（美国 UMI 公司）等数据库都是最常用的英文全文数据库。

（三）工具型数据库

工具型数据库，可以为用户提供数字资源的相关内容、个性化技术支持、交互式技术支持，以方便用户对相关信息进行检索、存储、管理和分析。

该数据库可以分为分析、管理及其他类型的工具型数据库。

（四）数值/事实数据库

凡是包含事实性、描述性的信息，或者数值性数据的数据库，均称为数值/事实数据库。该数据库可以为用户提供直接采用的数据和事实，诸如科学数据、工具书、表谱、图录和统计资料等。

该数据库可以分为图片数据库、工具书数据库、学科/专题导航数据库以及年鉴数据库等类型。

（五）复合型数据库

所谓复合型数据库，是以图片和文本为主要内容，同时包括形式多样、权重均等的内容单元，以及没有明确的分割界限的数据库等。

四、数字资源检索

（一）数字资源检索概述

数字资源检索，是指将大量相关的信息按照特定的方式和规则进行排列存储，以形成信息集合，并且能够按照用户的需求进行快速检索。

广义而言，数字资源检索包括两部分内容：信息存储和信息检索；狭义而言，数字资源检索是用户用来查找所需信息的阶段，信息检索以信息存储为基础。信息存储，即建立数据库，是指对特定范围内的信息进行特点描述以及加工，并使其进行有序化的排列。信息检索，通常指的是用户通过一定的媒介，能够快速检索查找到所需要的文献信息资料。

根据构成原理的特点不同，数字资源检索语言可以划分为三种类型：体系分类检索语言、主题检索语言、代码检索语言。

数字资源检索系统，是根据一定的社会需求而建立的，该系统是对数字信息进行有序化排列的资源集合体，分为检索、存储两大子系统。

（二）数字资源检索步骤

数字资源检索主要分为以下四个步骤。

1. 用户信息需求分析

数字资源检索以用户对于文献信息的需求分析为基础，进一步明确用户的检索需求，以及所涉及的学科领域等，为后续的检索系统选择、检索方式选取奠定基础。

2. 检索系统选用

检索系统主要涵盖各类数据库以及搜索引擎等内容。以用户信息需求分析为基础，进一步确定与用户检索内容、涉及学科领域、文献类型基本一致，检索功能相对较完善的信息检索系统。

3. 检索方式、检索途径选取

该部分是整个数字资源检索的核心，直接决定着数字资源检索的质量和效率。确定检索词或检索方式后，进一步选定检索条件。

4. 信息检索实施

以上三个步骤完成后，便可以实施用户信息检索。获取检索结果后，还需根据用户需求对文献资料的查全率、查准率进行分析和评价，如有必要，可调整检索方案，对于检索结果进行进一步的优化完善。

第二节　中文数字资源

一、中国知网（CNKI）

（一）概述

中国知网（China National Knowledge Infrastructure，CNKI），由清华大学、清华同方公司于 1999 年 6 月创办。在全球范围内，相对于中文全文信息量而言，中国知网已然成为规模最大的知识服务与网络出版平台，其文献类型涵盖博硕士学位论文、学术期刊、重要会议论文、工具书、报纸、标准、年鉴、成果和专利等。

《中国学术文献网络出版总库》，主要包括学术期刊数据库、学位论文数据库、会议论文数据库、报纸数据库、年鉴网络出版总库、工具书网络出版库、专利数据库、标准数据库、创新成果鉴定意见数据库等。截至目前，共计收录 8510 余种国内学术期刊，6130 万余篇全文文献；收录 1310 余家 600 万余篇涵盖博士学位论文和优秀硕士学位论文的全文文献数据；收录出版国内外学术会议论文集4.2万余本、360万余篇；收录国内公开发行的500余种重要报纸文献资料；收录专业类精品图书1.8万余本；收录5420余种、4.5万余本、4180万余篇年鉴类全文文献；汇集了500余家知名出版社的1.4万余部工具书；收录中国专利5000万余项、海外专利1亿余项；收录标准50万余项；收录100万余项科技成果。

（二）检索功能

中国知网（CNKI）的检索功能相当强大，能为用户提供单个或者多个数据库的检索平台，可以进行跨库一站式检索。

图5-1 中国知网（CNKI）检索首页

1.《中国学术期刊（网络版）》。共收录自1915年以来的国内学术期刊8510余种，其中收录的部分期刊可回溯到创刊时间。该数据库是中国学术期刊的全文数据库，最具有全球影响力，文献总量高达6130万余篇，每月的10日出版发行，而且保持连续动态更新。产品包括10个专辑、168个专题、3600余个子栏目，内容涵盖哲学、人文社会科学、自然科学、农业、医学、工程技术等相关领域。

《中国学术期刊（网络版）》连续出版物国内统一编号为 CN 11-6037/Z，国际刊号为 ISSN 2096-4188，是与《中国学术期刊（光盘版）》出版内容范围一致的学术文献。《中国学术期刊（光盘版）》划分为十种连续电子出版物，如表 5-1 所示。

表 5-1 《中国学术期刊（光盘版）》出版情况一览表

序号	名称	刊号
1	理工 A 辑	CN 11-9101/N ISSN 1007-8010
2	理工 B 辑	CN 11-9102/T ISSN 1007-8029
3	理工 C 辑	CN 11-9103/T ISSN 1007-8037
4	农业辑	CN 11-9104/S ISSN 1007-8045
5	医药卫生辑	CN 11-9105/R ISSN 1007-8053
6	文史哲辑	CN 11-9106/C ISSN 1007-8061
7	政治军事与法律辑	CN 11-9107/C ISSN 1007-807X
8	教育与社会科学综合辑	CN 11-9108/C ISSN 1007-8088
9	电子技术与信息科学辑	CN 11-9109/T ISSN 1008-6293
10	经济与管理辑	CN 11-9122/F ISSN 1673-2537

《中国学术期刊（网络版）》可以为用户提供多种检索方式，如"专业检索""高级检索""句子检索""作者发文检索"和"一框式检索"等，用户可以根据不同的需求合理选择。

（1）高级检索

高级检索可以根据需要通过设定一系列的条件来进行检索，以达到精准全面查找的效果，此方式最为常用。通过"检索条件"可以限定期刊的出版年限、期刊名称、标准刊号、基金、作者、作者单位等，另外，还可以通过关键词、主题、摘要、篇名、中图分类号等不同的内容进行组合，从而对检索内容进行进一步的限定。

例如：查找"主题"为"纺织"且包含"文献"的相关论文，用户输入相关表达式，便可检索出 126 条符合条件的记录，其检索结果还可以按照"作者""主题""研究层次""发表年度""基金"和"机构"等，进行进一步的组合，以便检索出更加符合用户需求的记录。

图 5-2 《中国学术期刊（网络版）》高级检索页面

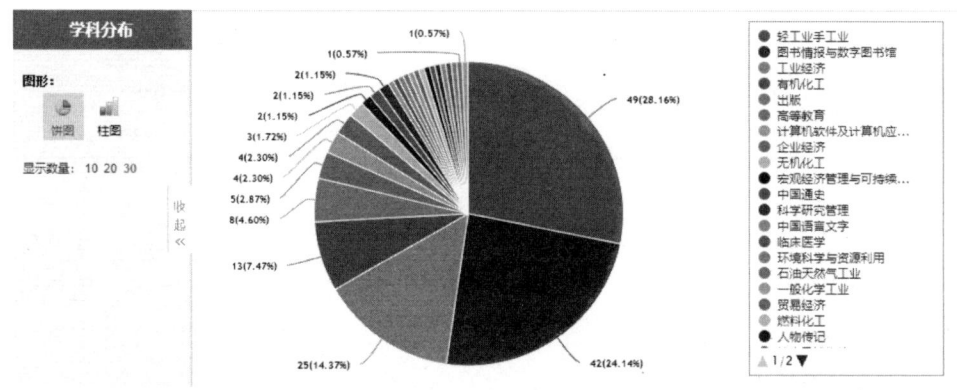

图 5-3 《中国学术期刊（网络版）》"纺织文献"检索结果学科分布页面

（2）专业检索

通过编制专业检索表达式，可以实现高精准度的检索。

检索字段表达式如下：

表 5-2 《中国学术期刊（网络版）》专业检索表达式

序号	检索字段表达式	序号	检索字段表达式
1	SU＝主题	11	JN＝文献来源

<<< 第五章 纺织文献数字资源

续表

序号	检索字段表达式	序号	检索字段表达式
2	TKA=篇关摘	12	RF=被引文献
3	TI=题名	13	YE=年
4	KY=关键词	14	FU=基金
5	AB=摘要	15	CLC=中图分类号
6	FT=全文	16	SN=ISSN
7	AU=作者	17	CN=统一刊号
8	RP=通讯作者	18	IB=ISBN
9	FI=第一责任人	19	CF=被引频次
10	AF=机构	—	

例如：检索吴川灵在东华大学学报发表的文章。专业检索表达式为"AU='吴川灵' AND LY='东华大学学报'"，可以检索到4条记录。

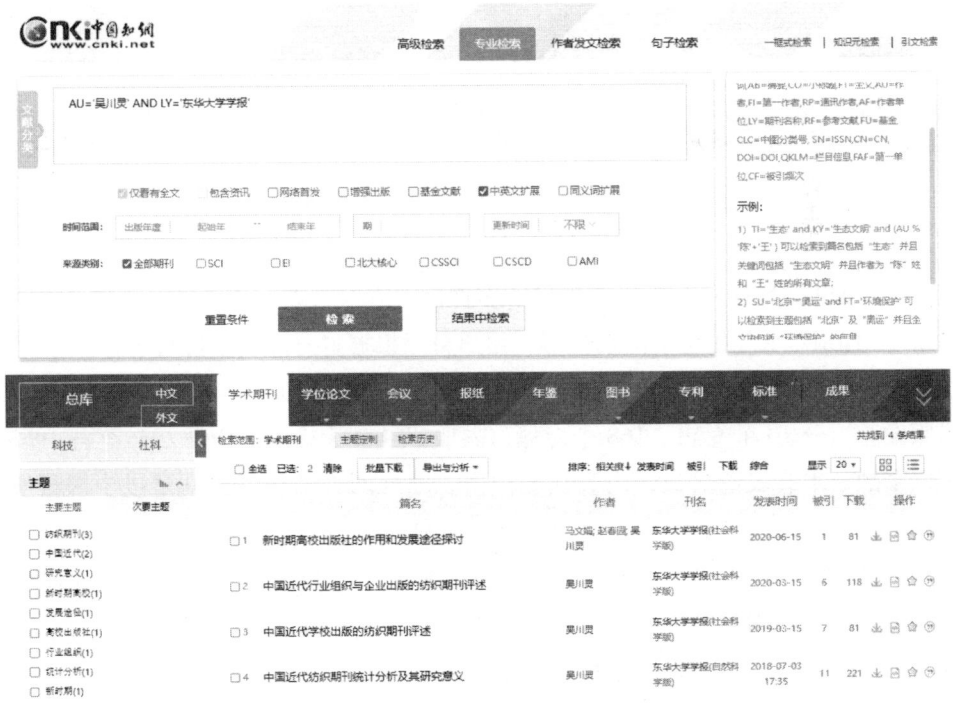

图 5-4　《中国学术期刊（网络版）》专业检索页面

163

(3) 其他检索

各类用户可根据实际需求选择"一框式检索""句子检索"以及"作者发文检索"等不同的检索方式。

2.《学位论文数据库》。包括《中国博士学位论文全文数据库》和《中国优秀硕士学位论文全文数据库》两个数据库。共收录自 1984 年以来的博硕士学位论文 600 万余篇，文献来源涵盖 520 余家博士培养单位和 790 余家硕士培养单位。该数据库是目前国内资源丰富、质量非常优秀的全文数据库，每月的 10 日出版发行，且保持连续动态更新。产品分为 10 个专辑，下分 168 个专题。

图 5-5　《学位论文数据库》检索页面

《学位论文数据库》为用户提供了多种检索方式，如"专业检索""一框式检索""高级检索""句子检索"等，用户可以根据自身的需求进行选择。

3.《国内外重要会议论文全文数据库》。为连续的电子出版物，每月 10 日出版发行，分 10 个专辑、168 个专题。共收录 4.2 万余本、360 万余篇自 1953 年以来的学术会议论文集，内容涵盖国内、国外两大部分。特别是以中国科协系统及国家二级以上的学会、协会，高校、科研院所，政府机关举行的重要会议，以及国内举行的国际重要会议上发表的文献（尤其是 1999 年以来的文献资料）为重点收录对象。在所有的收录文献中，国际会议文献占比约 20%，全国性会议文献占比约 80%，对于重点的会议文献，则可以回溯到 1953 年。

图 5-6 《国内外重要会议论文全文数据库》检索页面

《国内外重要会议论文全文数据库》，为用户提供了多种检索方式，如"专业检索""句子检索""高级检索""一框式检索"和"作者发文检索"等，用户可以根据自身不同的需求进行选择。

4.《中国知网重要报纸全文数据库》。收录了国内 500 余种重要报纸所登载的文献资料，内容包括 2000 年以来中国国内重要报纸刊载的学术性、资料性文献。该数据库每月 10 日出版，且保持连续动态更新。产品分为 10 个专辑，下分 168 个专题文献数据库和 3600 余个子栏目。

图 5-7 《中国知网重要报纸全文数据库》检索页面

5.《中国图书全文数据库》。收录了 1949 年至今的精品专业类图书 18673 本，产品分为 10 个专辑，下分为 168 个专题。

《中国图书全文数据库》，为用户提供了多种检索方式，如"专业检索"

165

"高级检索"和"一框式检索"等，用户可以根据自身不同的需求进行选择。

图5-8　《中国图书全文数据库》检索页面

6.《中国年鉴网络出版总库》。共收录5420余种、4.5万余本、4180万余篇1949年以来的年鉴类全文文献（包含可上溯至1912年的小部分数据），主要包括中国的中央和地方、企业和行业等各类年鉴，是截至目前国内最大的年鉴类全文数据库。内容几乎涵盖了法律、教育、地理历史、经济、医疗卫生、文件标准、基本国情、科学技术、统计资料、文化体育事业、政治军事外交、法律法规、社会生活以及人物等所有领域。根据国民经济行业分类的不同，将年鉴划分为21个大类，地方年鉴则按照行政区的不同划分为34个省级行政区域。该数据库实时发布，每年6月、12月更新出版，且保持连续动态更新。

图5-9　《中国年鉴网络出版总库》检索页面

《中国年鉴网络出版总库》，提供了多种检索方式，如"专业检索""高级检索"以及"一框式检索"等，用户可以根据不同的需求进行选择。

7.《中国工具书网络出版总库》。该数据库汇集了500余家知名出版社的1.4万余部工具书，2200余万个条目，300余万张图片。类型涵盖百科全书、专科辞典、传记、语文词典、表谱、双语词典、图录和手册等；内容几乎覆盖所有领域，如自然科学、社会科学、工程技术、文化教育、哲学、医学以及文学艺术等。根据学科门类的不同，该数据库划分为10个专辑，包含168个专题，该数据库持续动态更新，是权威、精准、可信的百科知识库。其具有两大特色：一是具有纸本的工具书特色；二是拥有超强全文检索系统。

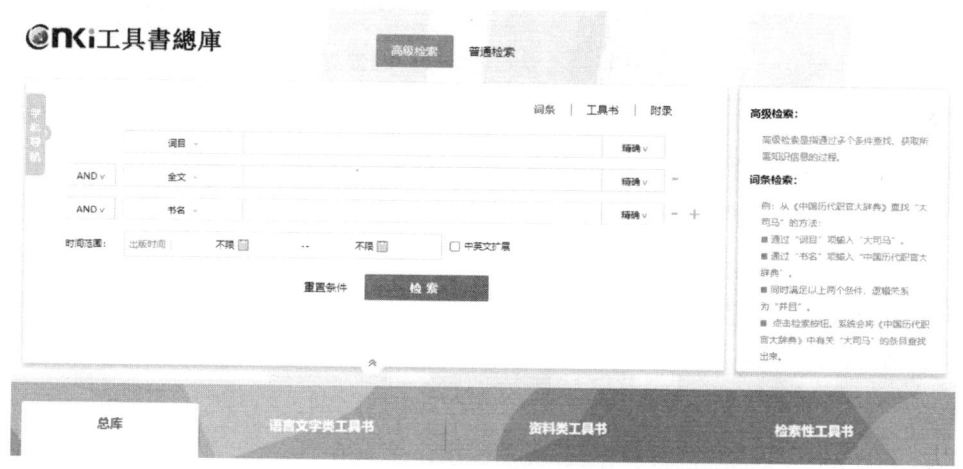

图 5-10　《中国工具书网络出版总库》检索页面

《中国工具书网络出版总库》，为用户提供了"普通检索"以及"高级检索"两种检索方式，用户可以根据自身不同的需求进行选择。

8.《专利数据库》。该数据库包括以下两个数据库：《中国专利全文数据库（知网版）》，收录了自1985年以来的5000余万项中国专利；《海外专利摘要数据库（知网版）》，收录了自1970年以来的1亿余项国外专利。《专利数据库》较完整地展示了每一条专利形成的背景、发展动态和发展趋势，用户可以进一步了解专利发明人、发明机构等更多的文献资料。

《专利数据库》为用户提供了多种检索方式，如"专业检索""高级检索"以及"一框式检索"等，用户可以根据不同的需求进行选择。

图 5-11 《专利数据库》检索页面

9.《标准数据总库》。收录的标准可高达 50 余万项,是国内收录标准最完整、数据量最大的数据库。该数据库实时发布,免费检索。《标准数据总库》由以下四个数据库构成:

(1)《国家标准全文数据库》(SCSF),该数据库收录国家标准 6.6 万余项。由国家标准化管理委员会发布的国家标准以及中国标准出版社出版发行的国家标准被全部收录。

(2)《中国标准题录数据库》(SCSD),该数据库收录标准 10 万余项。对于中国国家标准(GB)、中国行业标准、国家建设标准(GBJ)三类标准中的题录摘要数据予以全部收录。

(3)《中国行业标准全文数据库》(SCHF),该数据库收录行业标准 3.3 万余项。经过权利人合法授权的现行行业标准、被替代及废止的行业标准、即将实施的行业标准等标准,均属于该数据库的收录范围。

(4)《国外标准题录数据库》(SOSD),收录了 30 余万项全球范围内的重要标准数据,其题录摘要数据主要涵盖欧洲标准(EN)、国际电工标准(IEC)、国际标准(ISO)、英国标准(BS)、日本工业标准(JIS)、美国标准(ANSI)、德国标准(DIN)、法国标准(NF),以及 ASTM、IEEE、UL、ASME 等美国部分学会和协会的标准。

《标准数据总库》为用户提供了多种检索方式,如"专业检索""高级检索"以及"一框式检索"等,用户可以根据不同的需求进行选择。

<<< 第五章 纺织文献数字资源

图 5-12 《标准数据总库》检索页面

10.《中国科技项目创新成果鉴定意见数据库（知网版）》。收录了 100 余万项的科技成果，包括 1978 年以来的科技成果和回溯至 1920 年的部分科技成果。该数据库以收录正式登记的，且可以按照行业、成果级别以及学科领域等分类的科技成果为主。

该数据库所收录的科技成果是按照《学科分类与代码》（GB/T 13745）以及《中国图书资料分类法》（第四版）来进行学科分类的。

图 5-13 《中国科技项目创新成果鉴定意见数据库（知网版）》检索页面

《中国科技项目创新成果鉴定意见数据库（知网版）》为用户提供了多种检索方式，如"专业检索""高级检索"以及"一框式检索"等，用户可以根

169

据不同的需求进行选择。

二、万方数据知识服务平台

（一）概述

"万方数据知识服务平台"是依托中国科技信息所的全部信息服务资源建立的综合性科技信息服务系统，于1997年8月创立，2010年升级为万方数据知识服务平台，为用户提供"中外文学位论文""中外文期刊论文""中外专利""中外文会议论文""中外文科技报告""科技成果""中外标准""政策法规""地方志""学术视频"等十余种知识资源，实现了各学科领域的全覆盖。

截至2025年2月，收录期刊数据8500余种、161953387篇，年增300万余篇；收录学位论文数据6977580篇，年增42万余篇；收录中外会议论文数据16297984篇，中文会议论文年增15万余篇，外文会议论文年增20万余篇；收录国内外专利数据160509945条，其中中国专利4700万余条，每年新增300万条。国外专利1.1亿余条，每年新增300万余条；收录中外科技报告数据1299205份，中文科技报告10万余份，外文科技报告110万余份；收录科技成果数据673132项，年新增数据1万项以上；收录标准数据2930965项；收录法律法规数据1621072条，年新增量超8万余条；收录地方志数据15661724条；收录视频数据34874条。

（二）检索功能

该平台提供一站式搜索服务，其检索结果可以按照"学科分类""资源类型""语种""年份""作者""来源数据库"以及"机构"等进行分类统计。输入的内容可以是"题名""作者姓名""作者单位""关键词""摘要"等，如输入关键词"纺织文献"，可检索出相关记录5635条，涵盖资源分别涉及学位论文（2629）、期刊论文（2569）、会议论文（247）、科技成果（163）、标准（18）、地方志（6）、科技报告（2）、专利（1）；语种分布为中文（5620）、英文（7）、日文（2）、其他语种（6）。

除此之外，对于类型不同的数据库而言，可为用户提供"专业检索""高级检索"以及"作者发文检索"等服务功能。

（1）高级检索

通过"高级检索"功能，可以进一步限定检索条件，从而达到精准检索的目的。其中，检索信息可以是"作者""主题""关键词""题名或者关键词"

"摘要""作者单位""中图分类号""DOI""第一作者""发表时间"等。

图 5-14　万方一站式检索页面

图 5-15　万方高级检索页面

（2）专业检索

图 5-16　万方专业检索页面

通过专业检索，用户可以根据需要构建相应的检索式，同时可任意扩展检索条件，以达到更加精准的检索效果。具体检索信息内容见表5-3。

表5-3　万方专业检索信息一览表

序号	类别	检索信息
1	"通用"	①全部②题名或关键词③主题④第一作者⑤题名⑥作者单位⑦作者⑧摘要⑨关键词⑩DOI
2	"期刊论文"	①期刊名称/刊名②中图分类号③ISSN/CN④期⑤基金
3	"学位论文"	①中图分类号②专业③导师④学位授予单位⑤学位
4	"会议论文"	①会议名称②中图分类号③主办单位
5	"专利"	①专利权人②申请/专利号③主权项④主分类号⑤公开/公告号⑥申请日⑦优先权⑧公开日⑨代理人⑩分类号⑪代理机构
6	"中外标准"	①中国标准分类号②标准编号③国际标准分类号④发布单位
7	"科技成果"	①成果水平②获奖情况③省市④类别⑤登记部门⑥成果密级⑦行业分类⑧申报单位⑨鉴定单位⑩联系单位⑪联系人
8	"法律法规"	①效力级别②发文文号③时效性④颁布部门⑤终审法院
9	"科技报告"	①项目名称②计划名称

（3）作者发文检索

通过检索"作者""第一作者"或"专利-发明/设计人""专利-代理人"等信息，可更进一步了解该作者的相关论文或者专利发明情况。

图5-17　万方作者发文检索页面

万方数据知识服务平台包含的主要数据库有以下 10 个：

（1）《中国学术期刊数据库》。该数据库分为中文期刊、外文期刊两大类。中文期刊收录主要包括 8000 余种中文期刊（自 1998 年以来）、3300 余种核心期刊（经过很多年的积累，包括中国科学技术信息研究所和北京大学的收录情况），年增 300 余万篇，每天进行更新，内容涵盖工程技术、自然科学和医药卫生等多个学科领域。外文期刊收录主要包括 NSTL 外文文献数据库（自 1995 年以来）、著名的国外学术出版机构（如牛津大学等），以及 PubMed 和 DOAJ 等著名的开放获取平台，收录世界范围内 4 万余种重要的学术期刊。

（2）《中国学位论文全文数据库》。包含中文和外文学位论文数据库两大类。中文学位论文数据库，主要收录自 1980 年以来的中文学位论文相关文献，其收录量高达 570 余万条，并且以每年递增 35 万余篇的速度增长，内容涵盖基础科学、工业技术、理学、人文科学等学科领域。外文学位论文数据库主要收录自 1983 年以来的外文学位论文相关文献，其收录量高达 60 余万册，年增 1 万余册。

（3）《中国学术会议文献数据库》。包含中文、外文会议文献数据库两大类。中文会议文献数据库，主要收录自 1982 年以来的中文会议相关文献，其年收录学术会议的数量超过 3000 余个，并且以每年递增 20 余万篇论文的速度增长，中文会议文献数据库的数据每月都进行更新。外文会议文献数据库，主要收录自 1985 年以来的 1100 余万篇外文全文学术会议论文（其中包括少部分的回溯文献），由世界各类协会和出版机构出版发行。NSTL 外文文献数据库以每年递增 20 余万篇的速度增长，每月进行数据更新，是外文会议文献数据库的数据主要来源。

（4）《中外专利数据库》。涵盖国内外专利数据 1.4 亿余条。中国专利，收录量高达 3300 余万条，并且以每月新增 30 余万条的速度增长，主要收录专利全文文献（时间跨度为自 1985 年以来）。国外专利，收录量高达 1 亿余条数据，并且以每年递增 300 余万条的速度增长。主要收录以下两大类内容：一是中国、日本、加拿大、英国、法国、俄罗斯、美国、韩国、瑞士、德国、澳大利亚 11 个国家的专利数据；二是欧洲专利局和世界知识产权组织两大组织的专利数据。

（5）《中外科技报告数据库》。包含中文、外文科技报告数据库两大类。中文科技报告数据库，主要来源于中华人民共和国科学技术部，始于 1966 年，共计 10 万余份中文科技报告。外文科技报告数据库，主要收录 110 余万份自 1958

年以来的源于美国的四大科技报告（AD、DE、NASA、PB）。

（6）《中国科技成果数据库》。该数据库收录90余万项1978年以来的科技成果信息，主要包括两大部分：①科技奖励成果、科技计划类，来源于国家和地方单位；②科技类成果信息，来源于高等院校、科研院所以及企业。该数据库的更新频次为两个月，每年新增数据1万余条。

（7）《中外标准数据库》。该数据库共计收录240余万条数据，主要包括三大部分内容：中国国家标准的全文数据、中国行业标准的所有数据、中外标准的题录摘要数据。①中国国家标准（GB）的全文数据，主要以标准出版单位，如中国质检出版社等为来源。②中国行业标准（HB）的全文数据，主要来源于部分行业标准（中国质检出版社等授权），以及通信、建材、机械、地震等方面的标准。③国际标准的全文数据，以科睿唯安国际标准数据库（Tech street）为来源，该数据库涵盖了国际上的先进标准，包括涵盖各个行业的超55万件标准的相关文档。

（8）《中国法律法规数据库》。该数据库主要收录了40万条中华人民共和国成立以来的各类法律法规，由国家信息中心提供，年新增量高于8万条，每月进行更新。包括国家地方性法规、行政法规和法律法规，国际条约及惯例、合同范本及司法解释等内容。

（9）《中国地方志数据库》。地方志，又简称"方志"，根据年代的先后顺序可以划分为新方志和旧方志两大类，新、旧方志是根据中华人民共和国成立的时间来划分的。①新方志数据库，主要收录了中华人民共和国成立以后（即1949年之后）的5.5万余册书籍文献。②旧方志数据库，主要收录了中华人民共和国成立以前（即1949年之前）的书籍文献，共计8600余种，10万余卷。

（10）《万方视频数据库》。该数据库目前收录视频达3.3万余部，100余万分钟，以科技、教育、文化为主要内容。

三、《中文科技期刊数据库》（维普）

（一）概述

《中文科技期刊数据库》是重庆维普资讯有限公司研究开发的，该公司为全球范围内首个致力于中文期刊数据库研究的机构。

《中文科技期刊数据库》，是维普的核心资源库，该数据库是在中国范围内最大的期刊全文数据库，于1989年创建。分为图书情报、自然科学、社会科学、教育科学、农业科学、经济管理、医药卫生、工程技术八大专辑，内容涉及生物学、经济管理、天文地理、哲学宗教等学科门类35个，学科小类457个。该数据库共计收录1.5万余种期刊，9000余种现刊，7000余万篇文献。在我国的数字图书馆建设过程中，《中文科技期刊数据库》已成为核心资源之一。截至目前，该数据库已拥有包含港澳台地区在内的大型机构用户2000余家，对整个高校图书馆系统而言，该数据库已成为其文献保障系统不可或缺的构成部分，而且对于科研工作者来讲，该数据库是在其科学研究过程中进行科技查证、查新必须具备的数据库。

表5-4 《中文科技期刊数据库》涵盖专辑情况列表

专辑	现刊（种）	文献量（万条）
社会科学	2078	1213
经济管理	918	1223
图书情报	135	188
教育科学	1594	1164
自然科学	962	438
医药卫生	1242	1204
农业科学	614	384
工程技术	2518	1950
总计	10061	7764

（二）检索功能

1. 快速检索

该数据库为用户提供"快速检索"功能，打开数据库首页，在"任意字段"输入"纺织文献"，该数据库便可检索出"纺织文献"相关文章404篇，当然，检索结果可以根据用户不同的需要按照"相关度""被引量""时效性"进行排序。同时，用户可以通过"二次检索"功能进一步限定检索范围。

2. 高级检索

通过高级检索，用户可以根据自身的检索需求分别对"题名""关键词""作者""学科范围"等条件进行限定。另外，用户还可以通过"二次检索"功能进一步限定检索条件，如"题目""摘要""关键词""第一作者""作者"

图 5-18　维普快速检索页面

"刊名""机构""作者简介""基金资助""分类号""参考文献"以及"栏目信息"等，以达到精准检索的目的。

图 5-19　维普高级检索页面

3. 检索式检索

图 5-20　维普检索式检索页面

通过编制检索表达式，可以实现高精准度的检索。检索字段表达式如下：

表 5-5　维普检索字段表达式一览表

序号	检索字段表达式
1	U=任意字段
2	M=题名或关键词
3	K=关键词
4	A=作者
5	C=分类号
6	S=机构
7	J=刊名
8	F=第一作者
9	T=题名
10	R=摘要

同时，检索框支持以下三种逻辑运算："AND/and/＊"（并且）、"OR/or/+"（或者）以及"NOT/not/-"（非）。

如：表达式输入"A=吴川灵 AND K=纺织"，则可以通过"检索式检索"

方法检索出"作者"为"吴川灵"且"关键词"为"纺织"的13篇文献。在此基础上,用户还可以通过"二次检索"的功能进一步限定检索条件,以达到精准检索的目的。

四、读秀学术搜索

(一)读秀学术搜索概述

读秀学术搜索,是由超大量的全文数据以及元数据共同组成的,是超大型数据库。该数据库拥有中文图书670余万种、全文资料17亿页,可以为用户提供更深层次的检索以及原文试读,可提供7000余万种期刊的元数据以及跨空间获取。

读秀学术搜索是文献搜索引擎和知识服务平台,利用读秀学术搜索平台,用户不仅可以获取"学术期刊""图书馆馆藏纸质图书""报纸""电子图书""音视频"的便捷式检索,还可以获得一站式搜索服务,该平台集深度检索、快速获取和文献传递于一身,为用户提供快速高效服务。

(二)读秀学术搜索的检索功能

该平台可为用户提供多种检索服务,该平台默认"知识检索"。

1. 读秀知识检索

读秀知识检索打破了图书之间的界限,为全文检索,通常是在海量的图书资源中,以章节为基础,对围绕同一关键词的海量数据进行深度融合。任意内容均可检索到出处,如哪本书的哪一页,该检索可以通过二次检索功能进一步缩小检索的范围。

图5-21 读秀知识检索页面

如需查找"纺织文献"的相关文献,在检索框中输入"纺织文献",点击"搜索",可检索到164条相关条目,点击相关条目的"阅读"按钮,即可阅读并下载相关资料,同时可查阅该内容的来源出处。

2. 读秀图书搜索

读秀图书搜索可以为用户提供四大检索方式,分别是"快速检索""高级检索""专业检索"以及"分类导航"。

(1)快速检索

用户可根据需要选择"中文搜索"和"外文搜索",检索出相应的中文图书和外文图书。用户可以通过选择"书名""全部字段""目次""作者""丛书名""主题词"等检索条件,来获取符合检索需求的检索结果。

图 5-22 读秀图书快速检索页面

图 5-23 读秀"纺织文献"类图书快速检索页面

如需查找"纺织文献"的相关图书文献，选择"全部字段"，同时在检索框中输入"纺织文献"，点击"中文搜索"，便可以获取到7701条相关记录；如选择"书名"进行"中文搜索"，则仅可检索到44条相关记录。同样的道理，可以通过"外文搜索"检索出相关的外文图书文献资料。

（2）高级检索

高级检索为用户提供了"作者""书名""出版社""主题词""ISBN""中图分类号""分类"以及"年代"等检索字段，用户可以根据自身的检索需求，进一步限定检索条件，从而进行精准检索。

图5-24　读秀图书高级检索页面

（3）专业检索

检索规则：A=作者，T=书名，Y=年（出版发行年），K=关键词，BKp=出版社（出版发行者），S=摘要，BKc=目录。

用户在检索框中输入相应的检索式，便可以检索出符合条件的文献资料。

例如，搜索图书书名中包含"纺织文献"的记录，则可以在检索框中输入"T=纺织文献"检索表达式，在"模糊匹配"条件下，检索出相关中文图书44种。

图 5-25 读秀"纺织文献"类图书专业检索页面

（4）图书分类导航

进入相应界面，点击一级、二级分类目录，如选择"工业技术—轻工业、手工业"，则可检索到纺织或服装相关的图书。

图 5-26 读秀图书导航页面

图5-27 读秀图书分类导航页面

3. 读秀期刊搜索

读秀期刊搜索可以为用户提供三种检索方式。

（1）快速检索

快速检索可选择"中文搜索"和"外文搜索"，检索出相应的中文期刊和外文期刊。用户可以通过选择"标题""全部字段""关键词""作者""ISSN""刊名""作者单位""DOI"等快速检索，得出符合要求的结果。

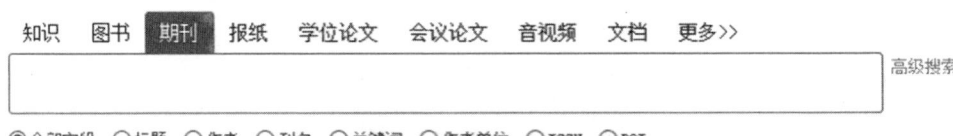

图5-28 读秀期刊快速检索页面

（2）高级检索

该检索提供了"标题""作者""第一作者""刊名""ISSN""关键词""作者单位""内容摘要"等检索字段，用户可根据需要对检索条件进行限定，从而达到精准检索的目的。

图 5-29　读秀期刊高级检索页面

（3）专业检索

检索规则：A=作者 1（责任者），T=题名，K=关键词（主题词），O=作者单位，Y=年（出版发行年），S=文摘（摘要），JNj=刊名。

图 5-30　读秀期刊专业检索页面

打开检索框，用户根据自身需求输入相应的检索表达式，便可进行检索。如搜索题名中包含"纺织文献"的相关期刊，在检索框中输入表达式"T=纺织文献"，在"模糊匹配"条件下，可检索出相关中文期刊论文90篇。

4. 读秀其他搜索

除了图书、知识以及期刊搜索功能，读秀还可以为用户提供以下相关资源的检索服务。

表5-6 专业检索规则一览表

序号	检索字段	检索规则
1	期刊	A=作者（责任者），T=题名，Y=年（出版发行年），K=关键词（主题词），JNj=刊名，O=作者单位，S=文摘（摘要）
2	图书	A=作者，T=书名，Y=年（出版发行年），K=关键词，BKc=目录，BKp=出版社（出版发行者），S=摘要
3	学位论文	A=作者（责任者），T=题名，Y=年（学位年度），K=关键词（主题词），F=指导老师，S=文摘（摘要），DTu=学位授予单位，DTn=学位，DTa=英文文摘，Tf=英文题名
4	会议论文	A=作者（责任者），T=题名，Y=年（学位年度），K=关键词（主题词），C=分类号，S=文摘（摘要），CPn=会议名称
5	报纸	A=作者（责任者），T=题名，K=关键词（主题词），NPn=报纸名称，NPd=出版日期
6	专利	A=发明人（设计人），T=题名，K=关键词（主题词），Y=年（申请年度），N=申请号，PTi=IPC号
7	标准	Tf=标准英文名，T=标准中文名，N=标准号，Y=年（发布年度），STu=发布单位

五、超星数字图书馆

（一）概述

超星数字图书馆是由北京世纪超星信息技术发展有限责任公司于1993年创建的，2000年，通过互联网正式开通使用。超星数字图书馆收录的图书文献资源为1977年以后的，拥有数百万余种数字图书，涵盖经济、哲学、历史、地理、医药、工业技术等各学科领域，已成为全球最大的中文数字图书馆。

（二）检索功能

超星数字图书馆可以为用户提供两种检索方式。

1. 快速检索

快速检索，又称关键词检索。进入超星数字图书馆首页，首先呈现在用户面前的便是快速检索界面，根据检索需求，在检索框中输入相应的检索词，选定检索范围进行检索，即可获取相应的文献资源。该检索方法为用户提供了"书名检索""作者检索""目录检索"和"全文检索"服务，如检索关键词有多个，中间用空格隔开即可。

图 5-31　超星数字图书馆快速检索页面

2. 高级检索

高级检索可以为用户提供"主题词""作者""书名""年代""中图分类号""分类"等条件的检索，而且，用户可以同时限定几个检索条件，从而获取更加准确的检索结果。

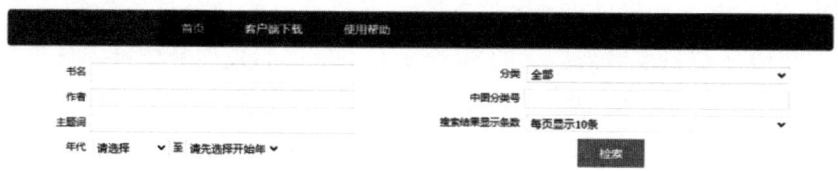

图 5-32　超星数字图书馆高级检索页面

第三节 外文数字资源

一、美国《化学文摘》

（一）概述

《化学文摘》（Chemical Abstracts），简称 CA，于 1907 年创刊，是由美国化学学会文摘服务社（Chemical Abstracts Service，CAS）编辑出版的。

《化学文摘》的出版形式由 1907 年创刊时的半月刊，几经调整，于 1967 年调整为周刊。其调整过程具体可分为 4 个阶段：（1）1907—1960 年，半月刊，每年出版 24 册、汇编成 1 卷；（2）1961 年，双周刊，全年出版 26 册、汇编成 1 卷；（3）1962—1966 年，双周刊，每年出版 26 册、汇编成两卷；（4）1967 年以来，周刊，每年出版 52 册、汇编成两卷。

《化学文摘》的收录范围非常广泛，涵盖了 1.6 万余种期刊（涉及全球 150 余个国家及地区）和专利文献（涉及 30 余个国家及地区），另外，还包括会议录、学位论文、专著等。文字类型有 56 种之多。内容主要涵盖理论化学和应用化学、冶金、生物以及医药、印染等各相关学科领域的文献资料。

《化学文摘》具有以下 4 个特点：（1）文献质量好、准确度高；（2）检索途径多、索引完备；（3）报道迅速，英文类的书刊，当月就可以进行报道，对于其他文种的书刊，约 3—4 个月便可报道；（4）文献覆盖面广，收录的化工、化学类文献占全世界范围的 98%。

随着科学技术的发展，《化学文摘》报道类目的划分越来越细，从 1907 年创刊的 30 个类目发展到后来的 80 个类目。其类目发展具体可划分为 5 个阶段：（1）1907—1961 年，划分为 30 个类目；（2）1962 年，划分为 73 个类目；（3）1963—1966 年，划分为 74 个类目；（4）1967—1970 年，划分为 80 个类目，五大部分；（5）1971 年以来，划分为 80 个类目，五大部分，其中单周刊发第一、第二部分，双周刊发第三、第四和第五部分。

（二）刊发内容

《化学文摘》周刊本中，文摘和索引内容所占据的版面比例为 4∶1，但是单双周刊发的内容各有侧重，其中单周出版第一、第二部分，即生物化学和有机化学领域相关的化学文献，第一部分为生物化学部分（涵盖第 1—20 大类），第二部分为有机化学部分（涵盖第 21—34 大类）。双周则出版第三、第四和第五部分，即高分子、无机化学、应用化学、物理、化学工程等领域相关的化学文献，第三部分为高分子化学部分（涵盖第 35—46 大类），第四部分为应用化学和化工部分（涵盖第 47—64 大类），第五部分为物理化学、无机化学、有机化学部分（涵盖第 65—80 大类）。

（三）文摘结构与编排

《化学文摘》正文按照类目对文摘进行编排，其中分类类目表在每一期的首页显示，共分为 80 个类目、五大部分。在每一个类目下，文摘按照下面的顺序进行编排：（1）期刊论文、会议录、资料汇编、技术报告、学位论文、档案资料等；（2）新书与视听资料等；（3）专利；（4）与本类目相关的其他文摘。

在每一类目的开始，均有对本类目的介绍。如第三部分第 40 大类为纺织品（Textiles），开始便对本类涵盖的纤维（包括天然纤维、合成纤维）、化学品的制备，制造，分析，加工及组成，试验等内容进行了介绍；染料的合成和结构关系归到第三部分的第 41 大类的类目中；干洗和洗涤归入第三部分第 46 大类（表面活性剂及洗涤剂）的类目中；与纺织加工无关的方法、制备和加工，无机纤维则归入第五部分有关无机化学的类目中。

（四）文摘的著录

1. 期刊论文文摘

期刊论文文摘主要由卷号和文摘号、题名、作者、作者单位或者寄发单位、资料来源、出版年份、出版物卷和期数、论文发表在期刊上的起止页码、论文发表用的文字种类等 9 部分构成。

2. 会议录和汇编资料文摘

会议录和汇编资料文摘主要由卷号和文摘号、题名、作者、作者单位或者寄发单位、会议及会议录名称、会议时间和会议记录出版年、会议录的期次（仅针对连续出版物）、此文在会议录中的起止页码、文种等九部分构成。

3. 技术报告文摘

技术报告文摘主要由卷号和文摘号、题名、作者、作者单位或者寄发单位、技术报告系列题目、报告出版年份、报告页数、文种、原始报告的一级来源、原始报告的二级来源、报告编号等 11 部分构成。

4. 学位论文文摘

学位论文文摘主要由题名、作者、卷号和文摘号、作者所在单位或论文寄发单位、论文发表时间、论文文种、论文来源、论文页数、文摘来源等9部分构成。

5. 新书和视听资料文摘

主要由10部分构成，即文摘号、书名或者资料名、原书名（非英文）、作者或者编辑、出版地点、出版年份、总页数、语种、出版价格、翻译自哪里。

6. 专利文献

专利文献主要由专利标题、专利文摘号、专利发明人、专利号、专利分类号、专利受让者、专利优先国、专利批准时间、专利申请号、专利申请日期、参考专利、专利说明书以及总页数等13部分构成。

（五）索引

《化学文摘》的索引体系比较系统和完善，且索引的名目繁多，可以分为3种类型，详见表5-7。

表5-7 《化学文摘》索引分类列表

序号	索引类型	索引方式
1	期索引	著者索引、关键词索引、专利索引
2	卷索引	化学物质索引、普通主题索引、作者索引、分子式索引、环系索引、专利索引、登记号索引
3	积累索引	主题索引、化学物质索引、普通主题索引、作者索引、分子式索引、专利对照索引、专利索引、环系索引、登记号索引、杂原子索引、索引指南

自1907年创刊以来，《化学文摘》的索引形式几经变化，具体情况见表5-8：

表5-8 《化学文摘》索引变化一览表

序号	年份	卷号	索引方式
1	1907—1936	1—30	著者 主题 环系
2	1937—1961	31—55	著者 主题 环系 专利号 分子式

续表

序号	年份	卷号	索引方式
3	1962—1966	56—65	著者 主题 环系 专利号 分子式 专利对照
4	1967—1971	66—75	著者 主题 环系 专利号 分子式 专利对照 索引指南
5	1972—1976	76—85	著者 环系 专利号 分子式 专利对照 索引指南 普通主题 化学物质
6	1977—1981	86—95	著者 环系 分子式 索引指南 普通主题 化学物质 专利

1. CA 关键词索引

从1963年的58卷起，CA开始编写关键词索引，而且每一期都编写。CA关键词索引著录格式发生变化，开始于1978年的89卷。著录格式主要包含主关键词、次关键词以及文摘号（P代表"专利"）。

2. CA 著者索引

期索引的著录格式是相对单纯的，著者索引仅仅包含著者的名称以及文摘号两项内容。

对于卷年累积索引而言，著者索引包含文摘号以及文献篇名两项内容，而且仅仅放在首位作者的名下，其合作者均用"SEE"来引见。

著者索引，按照著者姓名的顺序进行排列，著者姓名采用的编排方式是姓在前名在后的模式，而且著者姓名全部使用首字母，而不取其全名。对于拉丁语系而言，全部采用音译的方法，将著者姓名翻译成为拉丁语后再进行编排。对于中国的著者，则直接用汉语拼音进行音译后排列。

3. CA 专利索引

专利索引，是根据专利授权的国别代码的顺序进行编排的。首先使用两个大写的字母作为代码，用以代表专利国别的不同；然后，在专利国别代码之下，再按照一定的规则进行专利号和其他相关事宜的著录。

4. CA 普通主题索引

该索引主要是从一般性的化学物质入手，从而查找相关的文摘。主要应用于不涉及专门化学物质的相关内容，一般包括主、副标题词，一级、二级说明语,以及文摘号等内容。

5. CA 化学物质索引

因化合物数量日趋增加,目前多达数百万种,仅通过"普通主题索引"的方法获取化学物质相关的文献资料难度较大,故从 76 卷起,便将化学物质索引与普通的主题索引加以区分,将化学物质索引独立编制,该索引按照化学物质的名称字顺进行排列,主要包括主、副标题,文摘号,CAS 登记号,以及说明语等内容。

"普通主题索引"和"化学物质索引"相辅相成,互为补充。

6. CA 索引指南

该索引是对名词进行规范化的索引,按照名词字顺,分主次标题进行编排。76—85 卷的累积索引指南于 1977 年出版发行,此后,索引指南增刊每一年安排出版一次,据此对索引指南内容进行持续有效的校正、补充、修改和完善;86—95 卷的累积索引指南于 1983 年出版发行。CA 索引指南主要用于检索化合物的俗名,或者通过商品名、俗名和习惯名去查找某些化合物的登记号或者分子结构式等。

7. CA 分子式索引

该索引是一种辅助索引工具,是对化学物质索引的有效补充。分子式索引编排规则如下:①对于碳氢化合物而言,先按照先碳后氢的顺序排列,其他元素符号则根据其英文字母的先后顺序进行排列。②对于非碳氢化合物而言,则直接按照元素符号英文字母的顺序排列,如元素符号相同,则根据原子数量的不同,按照由小到大的顺序进行排列。

8. CA 环系索引

环系索引,自 1967 年的 66 卷起开始单独出版,随卷同步发行。该索引的编制为环系有机化合物的检索提供方便,但是用户无法通过环系索引的独立检索来查找文献,必须与"化学物质索引"检索同步使用。

9. CA 杂原子索引

除了 C、H 原子之外的所有原子均可称为杂原子。从 1967 年的 66 卷起,杂原子索引创建。杂原子索引、分子式索引的编排规则基本一致。杂原子索引因不能提供独立的文摘号,所以该索引与"分子式索引"配合使用,仅仅起到辅助索引的作用。

10. CA 登记号索引

《化学文摘》于 1969 年新增加了登记号索引，亦即按照登记号进行排列，对每一化合物均固定一个登记号，以供计算机进行检索使用。

11. CA 专利索引

自 1981 年 1 月 1 日，《化学文摘》的 94 卷开始，将两种索引"专利号索引""专利对照索引"进行整合，合并形成"专利索引"。

（六）数据库

1. 光盘数据库（CA on CD）

（1）概述

CA 光盘数据库，其文摘与印刷版的 CA 相对应，该光盘数据库由美国化学学会制作发行，其内容以及索引信息每月进行更新，其收录范围涵盖全世界与生物化学、物理化学、无机化学和有机化学等相关的化学、化工领域的科技文献资料。年报道文献量多达 77.3 万余条，其中专利 12.3 万余条。CA 光盘数据库的文献来源涵盖科技期刊、图书、技术报告、专利、学位论文以及会议录等。

（2）CA 光盘数据库检索

CA 光盘数据库为用户提供了 5 种检索途径。

①化学物质等级名称检索（Substance Hierarchy）

该检索根据化学物质母体名称进行检索，与书本式化学物质索引基本一致。此处有两种方式：一是打开检索窗口，点击"Subs"进行检索；二是打开检索窗口，选择"Search"菜单的"Substance Hierarchy"命令，进行检索。

②词条检索（Word Search）

所谓词条检索，指的是在检索窗口输入相应的检索条件，然后进行检索的一种方式，检索条件一般可以是"专利号""词组""分子式"，也可以是"检索词"或者"数据"。

每个检索条件之间可以采用逻辑运算符来进行组合，同时对于用户的检索条件加以限制。对于检索条件而言，检索词可以运用代字符号"？"以及截词符号" * "。每一个代字符号"？"代表的仅仅是一个字符，如"Base？"可代表"Bases"，也可以是"Based"。截词符号" * "则代表一串字符，其截断形式可分为前截词（后方一致）、后截词（前方一致）、中间截词三类。有两种方式可进行词条检索：一是打开检索窗口，点击"Search"进行检索；二是打开检索窗口，选择"Search"菜单的"Word Search"命令，进行检索。

③索引浏览式检索（Index Browse）

索引浏览式检索，是将数据库的所有检索途径均罗列出来，以供用户进行选择。当用户确定了检索入口以后，屏幕上便显示这一字段下面对应的词条以及相关的文献数量，用户可以通过浏览已检索出的词条予以选择。有两种方式可以完成该项检索，一是打开检索窗口，点击"Browse"进行检索；二是打开检索窗口，选择"Search"菜单的"Browse"命令，进行检索。

④分子式检索（Formula）

分子式索引，是按照英文字母 A—Z 的顺序进行编排，与化学物质等级名称的检索过程基本一致。双击用户所选择的索引，点击某一条目后，相关的文献题目、文摘即可显示出来。

⑤其他检索途径

CA 光盘数据库系统，支持用户在屏幕显示的所有记录中，选择用户所需要的词条或者专利号进行进一步的检索。将鼠标定位在所显示的任意词条上双击，或者选择"Search for election"，系统检索后，便会显示用户所需要的检索结果。

2. CA 网络数据库

（1）概述

CA 网络版数据库 SciFinder Scholar，是全球最全、最大的化学及其科学信息类相关的数据库，由化学文摘服务社出版发行，隶属美国化学学会，其数据可以回溯至 1907 年。SciFinder Scholar 有效整合了 Medline 医学数据库、全文专利资料（涉及 50 余家欧美专利机构）、化学文摘（1907 年至今）的全部内容，包含了化学工程、普通化学、应用化学、材料学、生命科学、生物学、食品科学、聚合体学、地质学、物理、医学和农学等学科领域。

（2）SciFinder 数据库

SciFinder 数据库是学术版的 CA 在线版数据库，可以检索自 1907 年以来的 CA 相关数据，SciFinder 包括 CAS REGISTRY、CAPLUS、CHMCATS、CASREACT、CHMLIST、MEDLINE 六个数据库。

①CAS REGISTRY，化合物信息数据库。该数据库包含了混合物、络合物、合金、聚合物、矿物和盐等化合物 1.35 亿余个，以及 6700 余万个序列，还有其他相关的实验数据等。该数据库可用于检索 CAS 化学物质登记号、结构图示以及特定的化学物质名称。

该数据库的数据每天进行更新，日增 1.5 万余个新产生的物质。用户可以根据自身实际需求，选择"化学名称""结构式"或者"CAS 化学物质登记号"等不同的方式检索。

②CAPLUS，文献数据库。该数据库内容与印刷版和光盘数据库（CA on CD）基本相同，目前拥有化学相关学科的文献资料 4600 余万条，涵盖期刊论文 1 万余种（自 1907 年以来）、回溯论文 4 万余篇（1907 年之前）、专利文献（涉及 50 余个专利授权机构）、图书、会议录、会议摘要、学位论文、技术报告、评论、only 期刊和网络预印本等。

该数据库的数据每天进行更新，日增量为 3000 余条。其中，在所有的专利说明书中，凡是由主要的专利机构所发行的，数据库会在两天内予以收录。用户可以根据实际需求，选择"研究主题""机构名称""文献标识号"或者"著者姓名"等不同的方式检索。

③CHEMCATS，化学品商业信息数据库。截至目前，该数据库共收录 1 亿余个化学品的商业信息，主要涵盖化学品提供商的相关信息、运送方式、价格等，化学品的安全以及操作注意事项等，以及目录名称、化学名称、商品名称、质量等级等内容。

用户可以根据实际需求，选择"化学名称""CAS 化学物质登记号""分子式"或者"结构式"等不同的方式检索。

④CASREACT，化学反应数据库。该数据库共收录化学反应 1 亿余个，包括单步或多步反应，收录时间自 1840 年起。包含结构图（产物、反应物），化学物质登记号（试剂、催化剂、溶剂、产物、反应物），反应产率，反应说明等内容。

该数据库的数据每周进行更新，每周可新增 600—1300 个新的化学反应。用户可以根据实际需求，选择"化学名称""CAS 化学物质登记号""分子式"或者"结构式"等不同的方式检索。

⑤CHMLIST，管控化学品信息数据库。截至目前，该数据库共收录 25 万余种备案/被管控化学品的信息，通过该数据库可以检索全球范围内重要的市场管控化学品的信息数据，如化学名称、库存状态等。

该数据库的数据每周进行更新，每周可新增 50 余条记录。用户可以根据实际需求，选择"化学名称""CAS 化学物质登记号""分子式"或者"结构式"等不同的方式检索。

⑥MEDLINE，书目型数据库。主要收录 4800 余种、1100 余万条与生物医学相

关自 1949 年以来的期刊文献。该数据库由美国国家医学图书馆（NLM）创建。

（3）检索方式

SciFinder 数据库可提供化学结构式检索、化学反应式检索等方式，自 1997 年始，在将其链接到全文资料库的条件下，用户还可以通过 Chemport 进行引文链接，用户可通过该数据库进一步了解科学研究的最新动态。

二、美国《工程索引》

（一）概述

美国《工程索引》（*The Engineering Index*），简称 EI，是全球范围最为重要的检索工具之一。EI 由美国工程信息公司出版发行，可对世界工程技术领域提供全面和权威的检索服务，EI 与 SCI、ISTP 一起构成了国际著名的三大检索工具。

《工程索引》于 1884 年创刊，创刊时仅引用了百余种出版物，报道了 1202 位作者的 924 条著作。自 1906 年起，该索引每年出版一卷。经过不断发展，到 1977 年，该索引引用的出版物达 3500 余种，报道著作数达 94988 条，作者 10 万余人。出版物的语种侧重于英文和德文。自 1992 年，开始收录中国期刊。

《工程索引》每月出版一期，包含文摘 1.3 万—1.4 万条。该数据库每年新增工程类文献 50 余万条，主要来源于 40 余个国家、涉及近 40 余种语言的工程期刊、技术报告以及会议论文的原始文献 5100 余种。该索引年报道的文献量高达 16 万余条。每期均附有作者索引和主题索引，每年均出版年度索引以及年卷本，为进一步方便用户进行检索，在其年度索引中增设了作者单位索引的内容。

（二）出版形式

经过 100 多年的发展，《工程索引》不断完善和规范，截至目前，主要的出版形式有以下 6 种：

1. 月刊

EI 月刊是由文摘、主题索引以及著者索引 3 个部分组成的。该月刊于 1884 年出版发行，其间停刊，于 1962 年复刊，自 1968 年开始改为现名。EI 月刊报道较为及时，时差一般在 6—8 周，非常适宜用户查找最新的文献资料。

2. 年卷本

EI 年卷本，对其过去一年的月刊所报道的文摘进行汇总编排成册，于 1906 年创刊，每年出版一卷。对于年卷本所收集的文献资料，适合做回溯性检索。

其内容主要由文摘、主题索引、著者索引以及著者单位索引构成。

3. 卡片

于 1928 年创刊，该卡片属于按照主题进行分类的文摘卡片，其报道时差短，一般为 4—6 周。随着计算机检索的问世，EI 卡片自 1975 年停刊。

4. 缩微胶卷

EI 年卷本的缩微胶卷形式于 1970 年出版，涵盖了 1884 年至 1970 年所有的 EI 文献资料。除此之外，为方便对缩微胶卷的检索，随之出版了缩微胶卷的主题索引，明确了主题词的起止页码，以帮助用户更快捷高效地检索所需要的文献资料。

5. 磁带

该磁带为计算机专用的扫描磁带，于 1969 年出版，每年提供 EI 磁带 12 盘，专用于为计算机用户提供快速查找工程索引和编制专题文摘使用。

6. CD-ROM 光盘数据库

（三）著录格式

《工程索引》按照所收录文献的主题词字母顺序进行排列，月刊和年卷本基本一致，主要包含一级标题、二级标题、文献名称、文摘号、正文、著者姓名、著者单位及地址，以及来源期刊的相关信息（如题名、卷号、期次、发表时间以及页码等）。

（四）检索方法

《工程索引》的检索方式很多，主题索引和著者索引最为常用。

1. 主题索引

主题索引是《工程索引》最主要的检索方法。主题索引按照主题的字顺进行排列，主题词表使用《工程信息序词表》。

主题索引主要包括文献题目、文摘号、文摘、第一著者及工作单位、合作著者、刊物名称，以及卷号、期号等其他信息内容。

2. 著者索引

著者索引，根据著者的相关信息来检索查找与之相对应的文摘号，然后按照文摘号去检索相对应的文摘，最后再根据文摘的提示查找到相应的文献原文资料。著者索引在月刊和年卷本均有应用。

（五）EI Village 2 检索平台

《工程索引》在 1995 年推出了 EI Village 检索平台，该平台集工程技术和商业数据库以及相关的 WEB 站点、工程信息资源等于一身,通过互联网向用户提供相关服务。2000 年,以 EI Village 为基础,推出了 EI Village 2 检索平台,增加了多个可在同一检索平台进行检索的数据库资源。

1. EI Village 2 数据库相关资源

(1) Ei Compendex 数据库

该数据库是最先形成的工程文摘来源库,也是世界范围内收录最全的二次文献数据库,其内容主要来源于工程类相关的期刊、技术报告以及会议论文等,包含了 5100 余种 700 余万篇论文的参考文献以及摘要,该数据库覆盖工程及应用科学领域各学科。每年新增文献 50 余万条,来源于超 175 个学科和工程专业。数据库每周更新,网上可以查阅自 1970 年以来的文献资料。

(2) INSPEC 数据库

通过该数据库可访问世界范围内关于电气、电子、控制工程、物理、信息、通信等方面的科技文献,为物理学家、科学家、工程师、信息专家和研究人员提供了至关重要的信息服务。

该数据库收录文献的最早年限可追溯到 1898 年。在网上可以检索到 1969 年以来的文献资料,该数据库每周更新。

截至目前,INSPEC 数据库拥有 2200 余万条文献,且以每周 2 万余条的速度进行更新,每年更新的数据达近百万条。INSPEC 数据库涵盖了 4500 余种科技期刊摘要和索引、3000 余个会议录,同时,还包含图书、研究报告、专利和学位论文的相关文献数据。

INSPEC 数据库所收录的每一条记录都包含两方面内容:一是英文版的文献标题、摘要以及完整版的题录信息,一般包含期刊的名称(或者会议的名称)、著者的姓名和机构、原文的语种信息等。二是控制词、非控制词、学科分类代码和处理代码,其中的部分记录还涉及 IPC 国际专利分类号、化学索引、数值索引、天体物理识别号索引等。

(3) CRC ENGnetBASE

CRC ENGnetBASE 数据库是工程手册的网络版,由 CRC Press 提供。CRC ENGnetBASE 数据库拥有超过 145 部可用于网上检索的相关手册。如用户确需对于通过 Compendex、USPTO、Scirus 或者 INSPEC、esp@cenet 等数据库查找获取到的词汇,了解其更加深入的解释,利用 CRC ENGnetBASE 数据库做进一步检索,用户便可在相应的手册浏览相关内容。

（4）Techstreet 标准

在世界范围内，该标准为最大的工业标准集之一。该标准汇集了350余个工业标准以及规范，均由世界主要的标准制定机构进行制定。

（5）USPTO 专利

该数据库每周进行更新，通过USPTO专利数据库，可以对自1790年以来的专利全文进行检索，同时可以对美国专利商标局授权的专利全文数据库进行访问。

（6）esp@cenet

通过此数据库，可以查找在欧洲专利局、欧洲各国专利局、世界知识产权组织以及日本已登记的相关专利。

（7）Scirus

Scirus是科技专用搜索引擎，是截至目前因特网最全面的搜索引擎，Scirus拥有超1.05亿个科技相关网页，涵盖9000余万个网页和1700余万个其他信息源的记录。

2. EI Village 2 为用户提供三类检索服务模式。

（1）快速检索

EI Village 2 的默认检索方式即"快速检索"，该界面提供三个检索框，各检索框之间设定有逻辑运算符。"快速检索"方式可根据用户的需求，对"文献类型""语种""年代""处理类型"和"更新时间"等相应的检索条件进行限定，从而进一步缩小检索的范围。

（2）专业检索

"专业检索"为用户提供了更加精准的检索方式，在检索框中输入符合用户需求的检索表达式，可以更好地获取相关度较高的文献检索结果。用户可以限定"文件类型""处理类型""语种""年代""更新时间"等检索条件，进一步缩小检索的范围。

（3）叙词检索

"叙词检索"，该界面只提供一个检索词的输入框，检索词之间可以通过逻辑表达式进行逻辑组合。

三、美国《科学引文索引》

（一）概述

《科学引文索引》（*Science Citation Index*），简称 SCI，由美国科学信息研究所于 1961 年出版发行，是世界范围内最权威的科学技术文献索引综合性检索工具，是三大世界著名检索系统之一，为用户提供了全新的文献分析和检索方法。

SCI 是国际性索引，主要侧重基础科学。主要收录世界范围内的数学、物理、化学、地理学、生命科学、环境科学、材料科学、医学、农学以及工程技术等学科领域的核心期刊，涉及 50 余种文字，涵盖 94 个大类，主要来源于世界 40 余个国家，如美国、德国、英国、加拿大、法国、俄罗斯、荷兰、日本等，当然，该索引也收录一定数量的中国刊物。

《科学引文索引》的出版形式有三种，分别是双月刊、年刊和五年刊。其中，双月刊每年出版六期，每一期又包含六册内容：引文索引三册（为 A、B 和 C 册）；来源索引一册（为 D 册）；轮排主题索引两册（为 E 和 F 册）。

（二）内容编排及著录

SCI 主要由四部分构成，具体如下。

1. 引文索引

引文索引，主要收录会议论文、技术报告和通信评论等，而且收录的文献内容必须是以期刊的形式予以发表的。引文索引主要包括四部分内容：

（1）著者引文索引（Citation Index：Authors）

该索引通常按照引文著者姓名的字母顺序进行编排，据此可以检索到著者文献被引用的相关情况。通过著者引文索引，可以检索著者文献被引用的情况，据此，可以对科研人员的论文质量和学术水平做出客观的评价。通过论文之间的引证关系分析，可以了解同一研究领域的研究人员的研究最新进展情况。利用著者引文索引，还可以进行循环检索，据此可以检索到更多更新的相关文献资料。

（2）团体著者引文索引（Citation Index：Corporate Author Index）

该索引自 1996 年的第二期开始增设，通常是在当前一期期刊所收录的被引文献中，选择首位的团体机构名称来作为检索标目，据此来检索该机构发文的引用情况。

(3) 专利引文索引（Patent Citation Index）

该索引适用于以专利文献作为引文的索引，通常是根据专利号的大小进行编排，主要用于查找文献引用专利的相关情况，据此也可了解此专利的最新应用情况、改进情况以及引用情况，对该专利的价值进行同步评价。

(4) 匿名引文索引（Citation Index：Anonymous）

该索引是根据引文出版物名称的字母顺序进行排列的，对于同名的出版物而言，则按照出版时间以及卷号的先后顺序进行排列。对于编辑部的文章、通信和会议文献、按语等，也可以被引用，因无著者的姓名，所以此类被引文献一般集中编辑为匿名引文索引。

2. 轮排主题索引

该索引从文献的主题入手，进行著者姓名的检索，以便更进一步利用"来源索引"的方法来查找文献的题名以及其他的著录事宜等。轮排主题索引按照主题词的字顺进行排列，在主题词下面则列出相关的限定词以及著者姓名等信息。

3. 来源索引

来源索引由所有的来源款目构成，主要用于报道顶级期刊所发表的文献，发表时间一般为当年度或者上一年度。每一个条目都是以文献的第一著者为标准，随后逐一列举其合著者的姓名、文章类别、文章题目、期刊名称、ISBN号、卷号、期号、页码等。出版内容则主要包括期刊名称或者 ISBN 号、卷号、页码、发表时间等。

4. 机构索引

利用该索引，可以了解在特定时间内，某个机构中某位人员的论文和专利发表状况。

(三) 检索途径

SCI 最常用的检索方法有"被引用著者途径""引用著者途径"和"主题途径"三大类。其中最常用的检索方法为"主题途径"。

(四) 数据库资源

1. 概述

SCI 数据库是一个国际性、多学科交叉的综合性索引数据库。它收录了 150 余个学科领域自 1900 年以来的数据，利用该库可以检索百余年来的学术引文。

1997 年，美国科学信息研究所（ISI）推出其最新产品：Web of Science 数据库。至此，ISI 为广大用户提供了三大引文检索平台，即《科学引文索引》

（SCI）、《社会科学引文索引》（SSCI）以及《人文艺术引文索引》（A&HCI）。

2001年，美国科学信息研究所（ISI）又推出了新一代产品——ISI Web of Knowledge，该产品为学术信息资源的整合体系。它以"Web of Science"核心数据库为基础，对多个数据库资源进行整合，从而可以给广大用户提供对于集合知识的检索、分析、评价等多种功能于一身的"一站式"检索服务。

2008年，ISI Web of Knowledge平台升级改造，提供了两种功能：一是呈现了全新的检索界面，用户也可以根据需要选择中文、英文界面；二是将ISTP数据库并入"Web of Science"数据库，成为其子库之一，同时更名为"CPCI-S"。

2. ISI Web of Knowledge数据库资源

ISI Web of Knowledge数据库资源，收录学术期刊超3.3万余种，包括两部分内容：Web of Science核心合辑数据库和区域性数据库。

（1）Web of Science核心合辑数据库

该数据库可为用户提供多学科研究文献资源，它涵盖全球影响力较大的学术期刊1.8万余种、会议论文18万余种、学术书籍8万余种。

该核心合辑数据库包含以下四类九个子数据库：

第一类：期刊引文子数据库（3个）

①Science Citation Index Expanded，简称SCIE，为多学科索引，主要面向科学期刊文献。它为自1900年以来的9300余种主流期刊编制全面索引，涵盖178个自然科学学科领域，并包含从索引文章收录的全部引用的参考文献。

②Social Science Citation Index，简称SSCI，为多学科索引，主要面向社会科学期刊文献。它为涵盖58个社会科学领域的1950余种自1900年以来的期刊编写了全面索引，另外，还为在全世界3400余种顶级科技期刊中遴选出的有关项目编写了索引。

③Arts & Humanities Citation Index，简称A&HCI，为多学科索引，主要面向艺术和人文科学期刊文献。该数据库完整收录了1800余种自1975年以来的世界顶级期刊，另外，还为在重要的社会科学以及自然科学250余种期刊中遴选出的有关项目编写了索引。

第二类：会议论文引文子数据库（2个）

①Conference Proceedings Citation Index – Science，简称CPCI-S。Index to Scientific & Technical Proceedings（科学技术会议录索引）为其前身，Web of Science Proceedings为其网页版。该数据库包含了自1990年以来的科技领域所有

会议录文献，内容涵盖了生物学、生物工艺学、生物化学、化学、农业、计算机科学、环境科学、工程、物理等，其数据每周更新。

②Conference Proceedings Citation Index – Social Sciences & Humanities，简称 CPCI-SSH。该数据库包含了自 1990 年以来的人文社科领域所有会议录文献，内容涵盖了艺术、文学、历史、经济学、管理学、公共卫生学、心理学、哲学、社会学等，其数据每周更新。

第三类：图书引文子数据库（2个）

BKCI-S、BKCI-SSH。图书引文子数据库，共收录了自 2005 年以来 8 万余种精选图书，年增 1 万余种新书。

第四类：化学数据库（2个）

①Current Chemical Reactions，该数据库收录自 1985 年以来的知名期刊和专利授予机构 36 家的单步及多步的合成方法，累计超过 106 万个反应数据。对于每一种合成方法均为广大用户提供其总体的反应流程，而且对于每一个反应步骤均有详准的示意图表示。除此之外，该数据库还包含来自法国国家知识产权局的 14 万个反应数据，其中最早的数据可追溯到 1840 年。

②Index Chemicus，收录了自 1993 年以来世界范围内著名期刊关于有机化合物核心数据的最新信息，累计数据超 560 余万条记录。其中的很大一部分数据为用户提供了从原材料到最终产物的全过程反应流程。该数据库可以为用户提供生物活性化合物相关的最新信息。

（2）区域性数据库

①中国科学引文数据库，收录的文献资源数据信息始于 1989 年，可通过中文或者英文进行检索。中国科学引文数据库可以为用户提供国内科学和工程核心期刊所发表的论文题录及引用信息。

②KCI-Korean Journal Database，收录自 1980 年以来的数据信息，可通过朝鲜语或者英语进行检索。该数据库由韩国国家研究基金会进行管理。

③MEDLINE，收录自 1949 年以来的数据信息，主要用于研究生命科学相关的学科领域。

④Russian Science Citation Index，该数据库收录了自 2005 年开始发表在俄罗斯医学和教育期刊以及核心科学技术的学术性较强文献信息，该数据库可通过俄语或者英语进行检索。

⑤SciELO Citation Index，收录自 2002 年以来的数据信息，向用户提供自然

科学、人文科学、社会科学以及艺术类的前沿期刊中的权威学术文献资料，数据主要来源于拉丁美洲、西班牙、葡萄牙以及南非等国家。

3. Web of Science 检索方法

Web of Science 检索方法分为以下四类。

（1）简单检索

用户可根据需要添加检索框。检索条件可通过检索框右侧下拉菜单进行限定，如主题、作者、出版物、语种、文献类型等。

（2）化学结构检索

该检索为广大用户提供三种检索方式，即"化合物数据检索""化学结构绘图检索"以及"化学反应数据检索"，用户可以根据实际需要进行选择。

（3）被引参考文献检索

被引参考文献检索是 Web of Science 的最富有特色的检索方式，为广大用户提供了"被引著作""被引作者"以及"被引年份"三类检索字段，他们既可以单独运用，也可以同时使用。"被引作者"检索，即通过对该文献的首位作者进行检索，从而达到用户需求的检索方法；"被引著作"检索，则是将该被引文献出版物的名称作为检索词的检索方法；"被引年份"检索，是通过检索作者在某一年份发表的文献被引情况，来达到用户需求的检索方法。

（4）高级检索

高级检索为用户提供了字段标识检索、检索式组配检索等检索方式，用户可以根据需要选择单一或者两者相结合的方式进行检索。高级检索的检索表达式由字段标识（可以是一个，也可以是多个）以及检索词构成。

第六章

德州市馆藏纺织文献概述

德州市位于山东省西北部,被誉为"九达天衢",德州市下设11个县市区。德州市市域范围内的图书馆总体上可分为两种形式,一种形式是公共图书馆,有12个,包括德州市图书馆以及全市11个县(市、区)的公共图书馆;另一种形式是高校图书馆,有4个,其中本科学校有2个:德州学院、山东华宇工学院;职业学院有2个:德州职业技术学院、德州科技职业学院。

德州市各级各类图书馆总计藏书600万余册,其中,公共图书馆藏书200万余册,高校图书馆藏书400万余册。

为进一步实现资源共享,助力书香德州建设,德州市4个高校图书馆于2021年12月15日联合成立了"德州市高校图书馆联盟",此联盟由德州学院图书馆、山东华宇工学院图书馆、德州职业技术学院图书馆、德州科技职业学院图书馆四个成员馆构成。此联盟的成立,很大程度上实现了高校馆藏资源的共享以及管理合作的协同发展,联盟馆均面向联盟高校师生以及社会读者开放,实现了400万册图书资源的共享覆盖。

在德州市馆藏600万余册的图书资源中,据统计,涉及纺织类的馆藏图书有2000余种、期刊百余种。结合纺织类学科专业的发展实际,现从中遴选出具有代表性的图书和期刊350余种,其顺序分别按照《中国图书馆分类法》(第五版)进行排列。德州市馆藏纺织文献特色图书、期刊目录如下:

一、德州市馆藏纺织文献特色图书目录

0001 新简明英汉纺织染服装小词典/朱正大等编. -上海:东华大学出版社,2003.03. -ISBN 7-81038-576-3

0002 纺织染概论/刘森主编. -北京:中国纺织出版社,2004.02. -ISBN

7-5064-2862-8

0003 纺织工艺与设备．下册/毛新华主编．-北京：中国纺织出版社，2004.08. -ISBN 7-5064-3013-4

0004 现代织造技术/郭兴峰编著．-北京：中国纺织出版社，2004.11. -ISBN 7-5064-3132-7

0005 健康纺织品开发与应用/王进美，田伟主编．-北京：中国纺织出版社，2005.11. -ISBN 7-5064-3548-9

0006 提花机/李志祥，程起时编著．-北京：纺织工业出版社，1985.12. 统一书号：15041·1389

0007 纺织加工化学/邵宽主编．-北京：中国纺织出版社，1996.04. -ISBN 7-5064-1187-3

0008 纺织产品的服用性能/于湖生等主编．-北京：中国纺织出版社，1993.10. -ISBN 7-5064-1050-8

0009 棉纺织计算/庄心光编著．-北京：纺织工业出版社，1990.07. -ISBN 7-5064-0489-3

0010 印染技术/纪惠军主编．-上海：东华大学出版社，2012.07. -ISBN 978-7-5669-0033-3

0011 生态纺织品与环保染化助剂/施亦东编著．-北京：中国纺织出版社，2014.02. -ISBN 978-7-5180-0245-0

0012 英汉纺织工业词汇（续编）/《英汉纺织工业词汇》编写组编．-北京：纺织工业出版社，1991.11. -ISBN 7-5064-0542-3

0013 英汉纺织工业词汇/《英汉纺织工业词汇》编写组编．-北京：纺织工业出版社，1980.10. 统一书号：17041·1063

0014 实用纺织染技术/邵灵玲主编．-北京：中国纺织出版社，2014.09. -ISBN 978-7-5064-8526-5

0015 纺织纤维与纱线检测/甘志红主编．-上海：东华大学出版社，2014.08. -ISBN 978-7-5669-0580-2

0016 纺织传感网技术/刘基宏编著．-北京：中国纺织出版社，2017.05. -ISBN 978-7-5180-3481-9

0017 纺织信息管理系统/邵景峰主编．-北京：中国纺织出版社，2018.08.

-ISBN 978-7-5180-5311-7

0018 高科技纺织品与健康/商成杰编著. -北京：中国纺织出版社，2018. 03. -ISBN 978-7-5180-4256-2

0019 纺织产品开发/吴震世，周勤华编著. -北京：纺织工业出版社，1992. 03. -ISBN 7-5064-0487-7

0020 中国纺织科学技术史：古代部分/陈维稷主编. -北京：科学出版社，1984.04. 统一书号：13031·2482

0021 中国纺织科技史/曹振宇主编. -上海：东华大学出版社，2012.09. -ISBN 978-7-5669-0098-2

0022 纺织科技史导论. 2版/周启澄，程文红编著. -上海：东华大学出版社，2013.06. -ISBN 978-7-5669-0296-2

0023 纺织技术导论/李竹君，刘森主编. -北京：化学工业出版社，2012.01. -ISBN 978-7-122-14960-2

0024 纺织科学中的纳米技术/刘吉平，田军编著. -北京：纺织工业出版社，2003.05. -ISBN 7-5064-2569-6

0025 棉纺织厂化学检验手册/上海市纺织工业局生产技术处编. -北京：纺织工业出版社，1980.08. 统一书号：15041·1056

0026 经纱上浆材料/朱谱新等编著. -北京：中国纺织出版社，2005.12. -ISBN 7-5064-3568-3

0027 织物阻燃整理/张济邦，袁德馨编. -北京：纺织工业出版社，1987.03. 统一书号：15041·1484

0028 浆料化学与物理/周永元编著. -北京：纺织工业出版社，1985.02. 统一书号：15041·1343

0029 酶在纺织中的应用/周文龙编著. -北京：纺织工业出版社，2002.06. -ISBN 7-5064-2302-2

0030 纺织生物技术/陈坚等编著. -北京：化学工业出版社，2008.06. -ISBN 978-7-122-02277-6

0031 酶在纺织印染工业中的应用/李群，赵昔慧主编. -北京：化学工业出版社，2005.12. -ISBN 7-5025-8048-4

0032 纺织酶学/范雪荣，王强主编. -北京：中国纺织出版社，2020.04.

-ISBN 978-7-5180-7207-1

0033 生态纺织工程/张世源编.-北京：中国纺织出版社，2004.05.-ISBN 7-5064-2866-0

0034 纺织科技前沿/葛明桥，吕仕元等编著.-北京：中国纺织出版社，2004.01.-ISBN 7-5064-2754-0

0035 微型计算机在纺织工业中的应用/钱霖等编著.-北京：纺织工业出版社，1985.12. 统一书号：15041·1381

0036 织造质量控制与新产品开发/郭嫣主编.-北京：中国纺织出版社，2012.09.-ISBN 978-7-5064-8853-2

0037 织物防水透湿原理与层压织物生产技术/张建春等编著.-北京：纺织工业出版社，2003.05.-ISBN 7-5064-2583-1

0038 纤维和纺织品测试技术.2版/李汝勤，宋钧才主编.-上海：东华大学出版社，2005.02.-ISBN 7-81038-052-4

0039 竹纤维制备技术/陈礼辉，黄六莲，曹石林著.-北京：科学出版社，2013.11.-ISBN 978-7-03-039137-7

0040 竹纤维性能及其纺织加工应用/王戈，王越平，程海涛等著.-北京：中国纺织出版社，2017.03.-ISBN 978-7-5180-3367-6

0041 竹原纤维及其产品的制备与工艺/张毅，王春红，彭建新编著.-北京：中国纺织出版社，2014.03.-ISBN 978-7-5180-0417-1

0042 蚕丝加工工程/陈文兴，傅雅琴主编.-北京：中国纺织出版社，2013.09.-ISBN 978-7-5064-9883-8

0043 蚕丝、蜘蛛丝及其丝蛋白/邵正中著.-北京：化学工业出版社，2015.05.-ISBN 978-7-122-23016-4

0044 壳聚糖及纳米材料在柞蚕丝功能改性中的应用/路艳华，林杰著.-北京：中国纺织出版社，2012.08.-ISBN 978-7-5064-8854-9

0045 功能纤维与智能材料/高洁，王香梅，李青山编著.-北京：中国纺织出版社，2004.-ISBN 7-5064-2691-9

0046 功能纺织材料和防护服装/郝新敏，杨元编著.-北京：中国纺织出版社，2010.11.-ISBN 978-7-5064-6909-8

0047 聚乳酸纤维及其纺织品/吴改红，刘淑强著.-上海：东华大学出版社，

2014.05. -ISBN 978-7-5669-0503-1

0048 功能纤维及功能纺织品.2版/朱平主编.-北京：中国纺织出版社，2016.04. -ISBN 978-7-5180-2369-1

0049 涤纶仿真丝绸织造和印染/周宏湘编著.-北京：纺织工业出版社，1992.04. -ISBN 7-5064-0537-7

0050 涤纶后加工/蔡栋才等编.-北京：纺织工业出版社，1986.11. -ISBN 7-5064-0712-4

0051 功能纤维及功能纺织品/朱平主编.-北京：中国纺织出版社，2006.08. -ISBN 7-5064-3893-3

0052 合成纤维机械原理与设计/郭英主编.-北京：纺织工业出版社，1990.12. -ISBN 7-5064-0469-9

0053 高技术纤维/陈时达等译.-北京：纺织工业出版社，1992.03. -ISBN 7-5064-0698-5

0054 高科技纤维概论/王曙中，王庆瑞，刘兆峰编著.-上海：东华大学出版社，2014.06. -ISBN 978-7-5669-0529-1

0055 化学纤维手册/沈新元主编.-北京：中国纺织出版社，2008.09. -ISBN 978-7-5064-4820-8

0056 现代纺织复合材料/黄故主编.-北京：中国纺织出版社，2000.01. -ISBN 7-5064-1661-1

0057 超细纤维生产技术及应用/张大省，王锐编著.-北京：中国纺织出版社，2007.01. -ISBN 7-5064-4249-3

0058 新型纺织材料及应用/杨建忠，崔世忠，张一心等编著.-上海：东华大学出版社，2003.06. -ISBN 7-81038-520-8

0059 熔纺聚氨酯纤维/郭大生，王文科编著.-北京：纺织工业出版社，2003.03. -ISBN 7-5064-2487-8

0060 红外技术与纺织材料/徐卫林编著.-北京：化学工业出版社，2005.08. -ISBN 7-5025-7227-9

0061 纤维材料近代测试技术/潘志娟主编.-北京：中国纺织出版社，2005.09. -ISBN 7-5064-3463-6

0062 新型服用纺织纤维及其产品开发/王建坤主编.-北京：中国纺织出版

社，2006.05.-ISBN 7-5064-3772-4

0063 纺织材料/张一心主编．-北京：中国纺织出版社，2005.12.-ISBN 7-5064-3560-8

0064 新型纺织材料及应用/宗亚宁主编．-北京：中国纺织出版社，2009.01.-ISBN 978-7-5064-5929-7

0065 红外技术与纺织材料．2版/徐卫林编著．-北京：化学工业出版社，2011.03.-ISBN 978-7-122-10590-5

0066 纺织材料性能及识别/郭葆青，陈莉菁主编．-北京：化学工业出版社，2011.09.-ISBN 978-7-122-12018-2

0067 纤维辞典/邢声远主编．-北京：化学工业出版社，2007.10.-ISBN 978-7-122-00089-7

0068 形状记忆纺织材料/胡金莲等编著．-北京：中国纺织出版社，2006.06.-ISBN 7-5064-3860-7

0069 家用纺织材料/姜淑媛，金鑫，方莹主编．-上海：东华大学出版社，2013.08.-ISBN 978-7-5669-0329-7

0070 电磁功能纺织材料/施楣梧，王群著．-北京：科学出版社，2016.06.-ISBN 978-7-03-043459-3

0071 纤维材料改性/陈衍夏主编．-北京：中国纺织出版社，2009.09.-ISBN 978-7-5064-5819-1

0072 纺织复合材料设计/顾伯洪，孙宝忠编著．-上海：东华大学出版社，2018.12.-ISBN 978-7-5669-1483-5

0073 新型纤维材料及其应用/董卫国主编．-北京：中国纺织出版社，2018.06.-ISBN 978-7-5180-5127-4

0074 纺织复合材料/钱坤主编．-北京：中国纺织出版社，2018.08.-ISBN 978-7-5180-4887-8

0075 多孔纤维材料热湿传递模型及应用/李凤志，李翼著．-北京：科学出版社，2019.06.-ISBN 978-7-03-061246-5

0076 纺织敏感材料与传感器/胡吉永主编．-北京：中国纺织出版社，2019.11.-ISBN 978-7-5180-6622-3

0077 纤维应用物理学/高绪珊，吴大诚等编著．-北京：纺织工业出版社，

2001.02. -ISBN 7-5064-1794-4

0078 纺织纤维鉴别手册.2版/李青山主编.-北京：中国纺织出版社，2003.01. -ISBN 7-5064-2426-6

0079 绿色纤维—TENCEL/张玉莲编.-北京：中国纺织出版社，2001.01. -ISBN 7-5064-1604-2

0080 纺织材料静电的消除/钱榡成编.-北京：纺织工业出版社，1984.11. 统一书号：15041·1290

0081 纺织纤维鉴别方法/邢声远主编.-北京：中国纺织出版社，2004.11. -ISBN 7-5064-3085-1

0082 纺织新材料及其识别/邢声远等编.-北京：纺织工业出版社，2002.03. -ISBN 7-5064-1725-1

0083 茧丝加工技术/孙孝龙主编.-北京：中国农业出版社，2015.08. -ISBN 978-7-109-20545-1

0084 新型纺织材料及应用/杨建忠主编.-上海：东华大学出版社，2011.01. -ISBN 978-7-81111-896-4

0085 新型纺织原料/陈运能等编著.-北京：中国纺织出版社，1998.01. -ISBN 7-5064-1481-3

0086 纺织新材料的开发及应用/梁冬主编.-北京：中国纺织出版社，2012.09. -ISBN 978-7-5064-9091-7

0087 纺织原料前处理/孙小寅主编.-北京：化学工业出版社，2014.02. -ISBN 978-7-122-21564-2

0088 纺织原料手册，棉分册/《纺织原料手册》（棉分册）编写组编.-北京：中国纺织出版社，1996.05. -ISBN 7-5064-1178-4

0089 纺织纤维与产品鉴别应用手册/邢声远，周硕，曹小红编著.-北京：化学工业出版社，2016.02. -ISBN 7-122-25922-6

0090 纺织纤维鉴别手册.3版/李青山主编.-北京：中国纺织出版社，2009.01. -ISBN 978-7-5064-5083-6

0091 纺纱设备机电一体化/杨公源，马会英主编.-北京：中国纺织出版社，1998.03. -ISBN 7-5064-1414-7

0092 无梭织机实用手册/吴永升主编.-北京：中国纺织出版社，2006.01.

-ISBN 7-5064-4058-X

0093 纺织测试仪器机电一体化/孙文秋等编．-北京：中国纺织出版社，1996.03．-ISBN 7-5064-1173-3

0094 新型纺织测试仪器使用手册/慎仁安主编．-北京：中国纺织出版社，2005.01．-ISBN 7-5064-3527-6

0095 纺织器材使用手册．上册/纺织工业部物资局主编．-北京：纺织工业出版社，1981.07．统一书号：15041·1112

0096 纺织器材使用手册．下册/纺织工业部物资局主编．-北京：纺织工业出版社，1981.10．统一书号：15041·1123

0097 新型纺纱产品开发/狄剑锋主编．-北京：纺织工业出版社，1998.07．-ISBN 7-5064-1436-8

0098 气流染色实用技术/刘江坚编著．-北京：中国纺织出版社，2014.05．-ISBN 978-7-5180-0499-7

0099 功能静电纺纤维材料/丁彬，俞建勇著．-北京：中国纺织出版社，2019.01．-ISBN 978-7-5180-4912-7

0100 喷气涡流纺纱技术及应用/李向东主编．-北京：中国纺织出版社，2018.12．-ISBN 978-7-5180-5678-1

0101 转杯纺实用技术/马克永著．-北京：中国纺织出版社，2006.07．-ISBN 7-5064-3895-X

0102 转杯纺系统生产技术/汤龙世编著．-北京：中国纺织出版社，2005.12．-ISBN 7-5064-3553-5

0103 涡流纺纱/于修业，孙松编著．-北京：纺织工业出版社，1991.01．-ISBN 7-5064-0578-4

0104 紧密纺技术/李济群，瞿彩莲编著．-北京：中国纺织出版社，2006.01．-ISBN 7-5064-4040-7

0105 自捻纺纱/姚瑞源，蒋金仙编著．-北京：纺织工业出版社，1985.05．统一书号：15041·1342

0106 智能纺织品开发与应用/姜怀主编．-北京：化学工业出版社，2013.01．-ISBN 978-7-122-15102-5

0107 服用纺织品设计/张萍编著．-北京：中国轻工业出版社，2009.06．

-ISBN 978-7-5019-6900-5

0108 纺织面料设计/黄翠蓉主编. -北京：中国纺织出版社，2007.01. -ISBN 7-5064-4174-8

0109 织物组织与纺织品快速设计/沈兰萍主编. -西安：西北工业大学出版社，2002.08. -ISBN 7-5612-1505-3

0110 视觉元素在现代纺织品设计中的应用研究/张晓伟著. -北京：中国纺织出版社，2017.07. -ISBN 978-7-5180-3504-5

0111 室内环境中家用纺织品色彩与图案设计新论/张平青，周天胜，王洋著. -北京：中国纺织出版社，2018.06. -ISBN 978-7-5180-2351-6

0112 家纺产品整体设计研究/高小红著. -北京：中国纺织出版社，2017.04. -ISBN 978-7-5180-3394-2

0113 元代纺织品纹样研究/刘珂艳著. -上海：东华大学出版社，2018.08. -ISBN 978-7-5669-1446-0

0114 织物组织CAD应用手册/夏尚淳编著. -北京：纺织工业出版社，2001.06. -ISBN 7-5064-1980-7

0115 实用机织面料设计与创新/佟昀主编. -北京：中国纺织出版社，2018.06. -ISBN 978-7-5180-4514-3

0116 家用纺织品造型与结构设计/沈婷婷主编. -北京：中国纺织出版社，2004.11. -ISBN 7-5064-3137-8

0117 纺织品色彩设计/荆妙蕾主编. -北京：中国纺织出版社，2004.01. -ISBN 7-5064-3086-X

0118 再生竹织物的织造与染整/曾林泉编. -北京：化学工业出版社，2011.03. -ISBN 978-7-122-10546-2

0119 防水透湿织物生产技术/李显波主编. -北京：化学工业出版社，2006.07. -ISBN 7-5025-8718-7

0120 花式纱线开发与应用/周惠煜等编著. -北京：中国纺织出版社，2002.08. -ISBN 7-5064-2298-0

0121 花式纱线开发与应用.2版/周惠煜等编著. -北京：中国纺织出版社，2009.01. -ISBN 978-7-5064-5080-5

0122 提花面料花型设计与工艺/徐颖著. -上海：东华大学出版社，2017.

02. -ISBN 978-7-5669-1174-2

0123 纺织 CAD 应用手册/陈纯,陈进勇编著. -北京:纺织工业出版社,2001.06. -ISBN 7-5064-1973-4

0124 家用织物生产手册. 第一分册/天津市纺织装饰品工业公司. -北京:纺织工业出版社,1988.05. -ISBN 7-5064-0100-2

0125 家用织物生产手册. 第二分册/天津市纺织装饰品工业公司,上海市巾被工业公司主编. -北京:纺织工业出版社,1989.12. -ISBN 7-5064-0294-7

0126 新型面料开发/吴震世编著. -北京:纺织工业出版社,1999.01. -ISBN 7-5064-1488-0

0127 纳米纺织品及其应用/高绪珊,吴大诚编著. -北京:化学工业出版社,2004.10. -ISBN 7-5025-5995-7

0128 仿真与仿生纺织品/顾振亚,田俊莹,牛家嵘等编著. -北京:中国纺织出版社,2007.03. -ISBN 978-7-5064-4267-1

0129 纺织品质管理手册/张兆麟编著. -北京:中国纺织出版社,2005.10. -ISBN 7-5064-3502-0

0130 纳米技术与纳米纺织品/覃小红主编. -上海:东华大学出版社,2011.12. -ISBN 978-7-81111-833-9

0131 功能纺织品开发与应用/姜怀主编. -北京:化学工业出版社,2013.01. -ISBN 978-7-122-14677-9

0132 生态家用纺织品/张敏民编著. -北京:中国纺织出版社,2006.07. -ISBN 7-5064-3902-6

0133 拉曼光谱在纺织品纤维成分快速分析中的应用/吴淑焕等编著. -北京:电子工业出版社,2015.08. -ISBN 978-7-121-26573-0

0134 装饰用纺织品/王文志,刘刚中主编. -北京:中国纺织出版社,2017.04. -ISBN 978-7-5180-3359-1

0135 纺织品大全.2版/《纺织品大全》(第二版)编辑委员会编. -北京:中国纺织出版社,2005.02. -ISBN 7-5064-3122-X

0136 智能纺织品设计与应用/顾振亚,陈莉等编著. -北京:化学工业出版社,2006.01. -ISBN 7-5025-7846-3

0137 功能纺织品/商成杰编著. -北京:中国纺织出版社,2006.07. -ISBN

7-5064-3847-X

0138 特种功能纺织品的开发/王树根，马新安等编著．-北京：纺织工业出版社，2003.08．-ISBN 7-5064-2657-9

0139 产业用纺织品/杨彩云主编．-北京：纺织工业出版社，1998.01．-ISBN 7-5064-1374-4

0140 衣用纺织品学/蒋惠钧主编．-北京：中国纺织出版社，2006.05．-ISBN 7-5064-3810-0

0141 纳米纺织工程/王进美，冯国平等编．-北京：化学工业出版社，2009.03．-ISBN 978-7-122-03905-7

0142 纺织品大全/上海市纺织工业局编．-北京：纺织工业出版社，1992.09．-ISBN 7-5064-0794-9

0143 纺织品大全，毛麻分册/上海市纺织工业局编．-北京：纺织工业出版社，1990.05．-ISBN 7-5064-0443-5

0144 纺织品大全，棉、印染织物分册/上海市纺织工业局编．-北京：纺织工业出版社，1991.02．-ISBN 7-5064-0576-8

0145 纺织品大全，纱、线、绳、带分册/上海市纺织工业局编．-北京：纺织工业出版社，1989.12．-ISBN 7-5064-0395-1

0146 纺织品大全，丝织物分册/上海市纺织工业局编．-北京：纺织工业出版社，1990.12．-ISBN 7-5064-0484-2

0147 生态纺织品标准/中国纺织工业协会产业部组织编．-北京：中国纺织出版社，2003.09．-ISBN 7-5064-2706-0

0148 纺织品产品标准汇编．中册，毛、麻纺织和化纤/纺织工业部科技司标准处编．-北京：中国标准出版社，1989.08．-ISBN 7-5066-0156-7

0149 纺织品产品标准汇编．下册，丝纺织和针织、复制/纺织工业部科技司标准处编．-北京：中国标准出版社，1989.07．-ISBN 7-5066-0180-X

0150 家用纺织品检测手册/吴坚，李淳主编．-北京：中国纺织出版社，2004.08．-ISBN 7-5064-3032-0

0151 中国纺织标准汇编，丝纺织卷．2版/纺织工业科学技术发展中心编．-北京：中国标准出版社，2011.02．-ISBN 978-7-5066-6193-5

0152 中国纺织标准汇编，化纤卷．2版/纺织工业科学技术发展中心编．-北

京：中国标准出版社，2011.02. -ISBN 978-7-5066-6192-8

0153 中国纺织标准汇编，服装卷.2版/纺织工业科学技术发展中心编.-北京：中国标准出版社，2011.02. -ISBN 978-7-5066-6189-8

0154 中国纺织标准汇编，产业用纺织品卷.2版/纺织工业科学技术发展中心编.-北京：中国标准出版社，2011.02. -ISBN 978-7-5066-6195-9

0155 纺织检测技术/瞿才新主编.-北京：中国纺织出版社，2011.08. -ISBN 978-7-5064-7559-4

0156 纺织品检测实务/翁毅主编.-北京：中国纺织出版社，2012.09. -ISBN 978-7-5064-8538-8

0157 纺织品安全评价及检测技术/柳映青主编.-北京：化学工业出版社，2016.01. -ISBN 978-7-122-25132-9

0158 功能性纺织产品性能评价及检测/党敏主编.-北京：中国纺织出版社，2019.10. -ISBN 978-7-5180-5890-7

0159 纺织产品生态安全性能检测/田文主编.-北京：中国纺织出版社，2019.12. -ISBN 978-7-5180-5888-4

0160 纺织产品使用性能评价及检测/顾学明主编.-北京：中国纺织出版社，2019.10. -ISBN 978-7-5180-6635-3

0161 纺织品质量标准与检测/陈春侠，樊理山主编.-北京：中国纺织出版社，2018.07. -ISBN 978-7-5180-5141-0

0162 生态纺织品检测技术/邢声远等编著.-北京：清华大学出版社 2006.01. -ISBN 7-302-11422-6

0163 绿色纤维和生态纺织新技术/朱美芳，许文菊编著.-北京：化学工业出版社，2005.09. -ISBN 7-5025-7499-9

0164 中国纺织标准汇编，棉纺织卷（一）.2版/纺织工业科学发展中心主编.-北京：中国标准出版社，2011.02. -ISBN 978-7-5066-6188-1

0165 中国纺织标准汇编，棉纺织卷（二）.2版/纺织工业科学技术发展中心编.-北京：中国标准出版社，2011.02. -ISBN 978-7-5066-6187-4

0166 中国纺织标准汇编，毛纺织卷.2版/纺织工业科学技术发展中心编.-北京：中国标准出版社，2011.02. -ISBN 978-7-5066-6194-2

0167 中国纺织标准汇编，针织卷.2版/纺织工业科学技术发展中心编.-北

京：中国标准出版社，2011.02. -ISBN 978-7-5066-6190-4

0168 中国纺织标准汇编，麻纺织卷.2版/纺织工业科学技术发展中心编. -北京：中国标准出版社，2011.02. -ISBN 978-7-5066-6191-1

0169 生态纺织产品最新标准规范和技术应用及质量控制手册/周立平主编. -安徽文化音像出版社，2004. -ISBN 7-88413-384-9

0170 纺织面料识别与检测/季莉，贺良震主编. -上海：东华大学出版社，2014.03. -ISBN 978-7-5669-0447-8

0171 中国纺织标准汇编，纤维检验卷，毛、麻、茧/中国标准出版社第一编辑室编. -北京：中国标准出版社，2002.04. -ISBN 7-5066-2704-3

0172 中国纺织标准汇编，纤维检验卷，棉/中国标准出版社第一编辑室编. -北京：中国标准出版社，2002.04. -ISBN 7-5066-2703-5

0173 纺织空调除尘技术手册/黄翔主编. -北京：中国纺织出版社，2003.01. -ISBN 7-5064-2347-2

0174 大众纺织技术史/赵翰生，邢声远，田方著. -济南：山东科学技术出版社，2015.06. -ISBN 978-7-5331-7662-4

0175 中国古代纺织与印染/赵翰生著. -北京：中国国际广播出版社，2010.07. -ISBN 978-7-5078-3143-6

0176 染缬集/王孖著. -北京：北京燕山出版社，2014.01. -ISBN 978-7-5402-3687-8

0177 华夏纺织文明故事/薛雁，徐铮编著. -上海：东华大学出版社，2014.01. -ISBN 978-7-5669-0621-2

0178 印纺工业：历代纺织与印染工艺/蒲永平编著. -北京：现代出版社，2015.03. -ISBN 978-7-5143-3086-1

0179 图说中国古代纺织技术史/李强，李斌著. -北京：中国纺织出版社，2018.05. -ISBN 978-7-5180-4718-5

0180 中国古代纺织印染工程技术史/黄赞雄，赵翰生著. -太原：山西教育出版社，2019.10. -ISBN 978-7-5703-0459-2

0181 明清织物.2版/李雨来，李玉芳著. -上海：东华大学出版社，2020.10. -ISBN 978-7-5669-1800-0

0182 现代纺织工程，棉印染，色织纺织品手册/肖佩华主编. -北京：纺织

工业出版社,2002.05. -ISBN 7-5064-2130-5

0183 现代化棉纺织生产技术的发展/秦贞俊主编.-上海:东华大学出版社,2012.01. -ISBN 978-7-81111-946-6

0184 棉纺质量控制.2版/徐少范,张尚勇主编.-北京:中国纺织出版社,2011.11. -ISBN 978-7-5064-7987-5

0185 纱疵分析与防治/胡树衡等编著.-北京:中国纺织出版社,1997.04. -ISBN 7-5064-1289-6

0186 棉纺织计算.3版/刘荣清,孟进主编.-北京:中国纺织出版社,2011.01. -ISBN 978-7-5064-6907-4

0187 现代棉纺纺纱新技术/秦贞俊主编.-上海:东华大学出版社,2008.07. -ISBN 978-7-81111-393-8

0188 梳棉机工艺技术研究/孙鹏子主编.-北京:中国纺织出版社,2012.04. -ISBN 978-7-5064-8343-8

0189 牛仔布生产技术/傅旦,陈春堂编著.-北京:纺织工业出版社,1991.10. -ISBN 7-5064-0666-7

0190 高效棉纺精梳关键技术/任家智,贾国欣著.-北京:中国纺织出版社,2017.10. -ISBN 978-7-5180-3879-4

0191 棉纺手册.第一分册.2版/上海市棉纺织工业公司《棉纺手册》编写组编.-北京:纺织工业出版社,1990. -ISBN 7-5064-0246-7

0192 棉纺手册.第二分册.2版/上海市棉纺织工业公司《棉纺手册》编写组编.-北京:纺织工业出版社,1990. -ISBN 7-5064-0244-0

0193 棉纺手册.第三分册.2版/上海市棉纺织工业公司《棉纺手册》编写组编.-北京:纺织工业出版社,1990. -ISBN 7-5064-0247-5

0194 棉织手册.上册.2版/上海市棉纺织工业公司《棉织手册》编写组编.-北京:纺织工业出版社,2003. -ISBN 7-5064-0298-X

0195 棉织手册.下册.2版/上海市棉纺织工业公司《棉织手册》编写组编.-北京:纺织工业出版社,1991. -ISBN 7-5064-0153-3

0196 棉纺手册.2版/上海市棉纺织工业公司《棉纺手册》编写组编.-北京:纺织工业出版社,1987.08. -ISBN 7-5064-0246-7

0197 棉纺手册.3版/上海纺织控股(集团)公司,《棉纺手册》(第三版)

编委会编.-北京：中国纺织出版社，2004.01.-ISBN 7-5064-3065-7

0198 棉印染、色织纺织品手册/肖佩华主编.-北京：纺织工业出版社，2002.05.-ISBN 7-5064-2130-5

0199 棉织手册.3版/高卫东主编.-北京：中国纺织出版社，2006.-ISBN 7-5064-4070-9

0200 棉纺织工艺简明手册，纺纱部分/《棉纺织工艺简明手册》编写组编.-北京：纺织工业出版社，1990.-ISBN 7-5064-0330-7

0201 毛纺织新工艺新设备及产品检测方法与标准实用手册.上/张艳主编.-西安：三秦出版社，2003.07.-ISBN 7-80546-801-9

0202 毛纺织新工艺新设备及产品检测方法与标准实用手册.中/张艳主编.-西安：三秦出版社，2003.07.-ISBN 7-80546-801-9

0203 毛纺织新工艺新设备及产品检测方法与标准实用手册.下/张艳主编.-西安：三秦出版社，2003.07.-ISBN 7-80546-801-9

0204 毛纺织品手册/陈溢编著.-北京：纺织工业出版社，2001.11.-ISBN 7-5064-2011-2

0205 数码纺织技术与产品开发/周赳，周华，李启正著.-北京：中国纺织出版社，2012.10.-ISBN 978-7-5064-8801-3

0206 丝绸文化.2版/黄为放编著.-长春：吉林出版集团有限责任公司，2010.01.-ISBN 978-7-5463-1685-7

0207 中国丝绸文化史/袁宣萍，赵丰著.-济南：山东美术出版社，2009.04.-ISBN 978-7-5330-2927-2

0208 丝绸史话/《中华文明史话》编委会编.-北京：中国大百科全书出版社，2012.07.-ISBN 978-7-5000-8962-9

0209 中华丝绸文化/徐德明主编.-北京：中华书局，2012.11.-ISBN 978-7-101-08483-2

0210 丝绸的故事：技术与文化/邢声远编著.-济南：山东科学技术出版社，2020.01.-ISBN 978-7-5331-9980-7

0211 制丝手册.2版/浙江省丝绸公司编.-北京：纺织工业出版社，1994.08.-ISBN 7-5064-0111-8

0212 经纬锦绣：中国古代丝绸纺织术/赵丰，徐铮著.-北京：文物出版社，

2017.09.-ISBN 978-7-5010-5184-7

0213 潞绸传统纺织技艺研究/刘淑强著.-北京：中国纺织出版社有限公司，2020.03.-ISBN 978-7-5180-7074-9

0214 中国丝绸史（通论）/朱新予主编.-北京：纺织工业出版社，1992.02.-ISBN 7-5064-0717-5

0215 中国宋锦/钱小萍著.-苏州：苏州大学出版社，2011.12.-ISBN 978-7-81137-647-0

0216 丝绸实用小百科/钱小萍主编.-北京：中国纺织出版社，2001.07.-ISBN 7-5064-1986-6

0217 档案中的丝绸文化/卜鉴民主编.-苏州：苏州大学出版社，2016.11.-ISBN 978-7-5672-1895-6

0218 真丝绸织造技术/裘愉发编.-北京：纺织工业出版社，1988.12.-ISBN 7-5064-0144-4

0219 丝织手册.上.2版/王进岑主编.-北京：中国纺织出版社，2000.01.-ISBN 7-5064-1162-8

0220 丝织手册.下.2版/王进岑主编.-北京：中国纺织出版社，2000.01.-ISBN 7-5064-1162-8

0221 中国丝绸辞典/王庄穆主编.-北京：中国科学技术出版社，1996.08.-ISBN 7-5046-2136-6

0222 仿丝型纤维及其加工应用/王希岳等编.-北京：中国石化出版社，1995.08.-ISBN 7-80043-549-0

0223 轻纺化学产品工程中的纳米复合材料：合成与应用/马建中，鲍艳，高党鸽等编著.-北京：化学工业出版社，2015.03.-ISBN 978-7-122-22745-4

0224 腈纶纤维负载催化技术/史显磊著.-北京：化学工业出版社，2019.12.-ISBN 978-7-122-35760-1

0225 中国纺织工业年鉴1983/《中国纺织工业年鉴》编辑委员会编.-北京：纺织工业出版社，1984.07.统一书号：17041·1346

0226 中国纺织工业年鉴1982/《中国纺织工业年鉴》编辑委员会编.-北京：纺织工业出版社，1983.06.统一书号：17041·1274

0227 中国纺织工业年鉴1984—1985/《中国纺织工业年鉴》编辑委员会

编.-北京：纺织工业出版社，1986.07. 统一书号：17041·1485

0228 中国纺织工业年鉴 1986—1987/《中国纺织工业年鉴》编辑委员会编.-北京：纺织工业出版社，1988.08. -ISBN 7-5064-0093-6

0229 中国纺织工业年鉴 1988—1989/《中国纺织工业年鉴》编辑委员会编.-北京：纺织工业出版社，1989.11. -ISBN 7-5064-0389-7

0230 纺织词典/钱宝钧主编.-上海：上海辞书出版社，1992.04. -ISBN 7-5326-0113-7

0231 日英汉纺织工业词汇/刘辅庭编.-北京：中国纺织出版社，2018.12. -ISBN 978-7-5180-4861-8

0232 德汉纺织工业词汇/天津市纺织工业局《德汉纺织工业词汇》编写组编.-北京：纺织工业出版社，1983.12. 统一书号：17041·1210

0233 英汉纺织工业词汇/上海市纺织工业局《英汉纺织工业词汇》编写组编.-北京：纺织工业出版社，1992.10. -ISBN 7-5064-0820-1

0234 汉英纺织词汇/曹瑞主编.-北京：纺织工业出版社，1998.10. -ISBN 7-5064-1493-7

0235 日汉纺织工业词汇/上海市纺织工业局《日汉纺织工业词汇》编写组编.-北京：中国纺织出版社，1983. -ISBN 7-5064-0583-0

0236 现代纺织词典/安瑞凤主编.-北京：中国纺织出版社，1993.08. -ISBN 7-5064-0922-4

0237 汉英纺织染词汇/朱正大等编.-北京：纺织工业出版社，1985.06. 统一书号：17041·1323

0238 英汉汉英纺织服装词典/秦世福，盛宁明主编.-上海：东华大学出版社，2016.01. -ISBN 978-7-5669-0883-4

0239 织物词典/《织物词典》编辑委员会编.-北京：纺织工业出版社，1996.08. -ISBN 7-5064-1164-4

0240 纺织工业实用手册/吴雪刚，曹承露编.-北京：纺织工业出版社，1991.08. -ISBN 7-5064-0461-3

0241 常用纺织品手册/邢志远主编.-北京：化学工业出版社，2012.03. -ISBN 978-7-122-12252-0

0242 汽车用非织造布/冷纯廷，李瓒编著.-北京：中国纺织出版社，2017.

04. -ISBN 978-7-5180-3309-6

0243 非织造材料与工程学/郭秉臣主编.-北京：中国纺织出版社，2010.07. -ISBN 978-7-5064-6451-2

0244 非织造材料及其应用/王洪，靳向煜，吴海波编著.-北京：中国纺织出版社，2020.07. -ISBN 978-7-5180-7462-4

0245 非织造专业英语/薛少林，韩玲编著.-上海：东华大学出版社，2013.01. -ISBN 978-7-5669-0195-8

0246 非织造布产品的应用及设计/王继祖等编著.-北京：中国纺织出版社，1994.02. -ISBN 7-5064-1000-1

0247 非织造布后整理.2版/焦晓宁，刘建勇主编.-北京：中国纺织出版社，2015.01. -ISBN 978-7-5180-1270-1

0248 纺粘和熔喷非织造布手册/刘玉军主编.-北京：中国纺织出版社，2014.04. -ISBN 978-7-5064-9001-6

0249 非织造布生产加工新技术工艺及性能测试与质量控制标准实用手册.第一卷/刘辉.-长春：银声音像出版社 2004. -ISBN 7-88362-242-0

0250 非织造布生产加工新技术工艺及性能测试与质量控制标准实用手册.第二卷/刘辉.-长春：银声音像出版社 2004. -ISBN 7-88362-242-0

0251 非织造布生产加工新技术工艺及性能测试与质量控制标准实用手册.第三卷/刘辉.-长春：银声音像出版社 2004. -ISBN 7-88362-242-0

0252 非织造布生产加工新技术工艺及性能测试与质量控制标准实用手册.第四卷/刘辉.-长春：银声音像出版社 2004. -ISBN 7-88362-242-0

0253 针织工程手册，经编分册.2版/《针织工程手册 经编分册》编委会编.-北京：中国纺织出版社，2011.03. -ISBN 978-7-5064-7160-2

0254 电脑横机花型设计实用手册/姜晓慧，王智编著.-北京：中国纺织出版社，2014.06. -ISBN 978-7-5180-0587-1

0255 羊毛衫生产工艺与 CAD 应用/姚晓林编著.-北京：中国纺织出版社，2012.09. -ISBN 978-7-5064-8850-1

0256 针织服装设计与制作 800 例/李佳泓编著.-北京：纺织工业出版社，2001.01. -ISBN 7-5064-1681-6

0257 针织服装设计手册/刘艳君主编.-北京：化学工业出版社，2009.04.

—ISBN 978-7-122-04659-8

0258 针织工业词典/孙锋主编．-北京：中国纺织出版社，2000.03. -ISBN 7-5064-1663-8

0259 针织工程手册，人造毛皮分册/《针织工程手册》编委会编．-北京：中国纺织出版社，1995.09. -ISBN 7-5064-1115-6

0260 针织工程手册，染整分册/《针织工程手册》编委会编．-北京：中国纺织出版社，1995.02. -ISBN 7-5064-1071-0

0261 针织工程手册，经编分册/《针织工程手册》编委会编．-北京：中国纺织出版社，1997.01. -ISBN 7-5064-1114-8

0262 针织工程手册，纬编分册/《针织工程手册》编委会编．-北京：中国纺织出版社，1996.07. -ISBN 7-5064-1170-9

0263 针织工程手册，纬编分册．2 版/冯勋伟主编．-北京：中国纺织出版社，2012.02. -ISBN 978-7-5064-7900-4

0264 家用织物生产手册 第一分册/天津市纺织装饰品工业公司，上海市巾被工业公司主编．-北京：纺织工业出版社，1988.05. -ISBN 7-5064-0100-2

0265 染整新技术/李美真主编．-北京：科学出版社，2013.02. -ISBN 978-7-03-036517-0

0266 英汉染整词汇：增补版/岑乐衍主编．-北京：中国纺织出版社，2017.01. -ISBN 978-7-5180-1653-2

0267 纺织染整助剂手册/陈溥，王志刚编．-北京：中国轻工业出版社，1995.08. -ISBN 7-5019-1752-3

0268 助剂品种手册/黄茂福主编．-北京：纺织工业出版社，1994.05. -ISBN 7-5064-0446-X

0269 新型染整助剂手册/高成杰主编．-北京：纺织工业出版社，2002.10. -ISBN 7-5064-2434-7

0270 纺织染整助剂实用手册/陈溥，王志刚编．-北京：化学工业出版社，2003.03. -ISBN 7-5025-4312-0

0271 印染助剂/邢凤兰等主编．-北京：化学工业出版社，2002.08. -ISBN 7-5025-3963-8

0272 染整助剂/刘建平编著．-上海：东华大学出版社，2009. -ISBN 978-

7-81111-578-9

0273 涂料印染技术/余一鹗编. -北京：中国纺织出版社，2003. -ISBN 7-5064-2674-9

0274 纺织品有机硅及有机氟整理/罗巨涛，姜维利编. -北京：中国纺织出版社，1999. -ISBN 7-5064-1533-X

0275 染料应用手册. 第2版/房宽峻主编. -北京：中国纺织出版社，2013. -ISBN 978-7-5064-8254-7

0276 纺织印染助剂实用手册/邢凤兰，王丽艳，高淑珍等编著. -北京：化学工业出版社，2014.10. -ISBN 978-7-122-20515-5

0277 染料应用手册. 上. 第2版/房宽峻主编. -北京：中国纺织出版社，2013. -ISBN 978-7-5064-8254-7

0278 染料应用手册. 下. 第2版/房宽峻主编. -北京：中国纺织出版社，2013. -ISBN 978-7-5064-8254-7

0279 毛纺织染整手册 上册. 第二版/上海市毛麻纺织工业公司编. -北京：纺织工业出版社，1995.04. -ISBN 7-5064-0900-3

0280 毛纺织染整手册. 下册. 第二版/上海市毛麻纺织工业公司编. -北京：纺织工业出版社，1995.04. -ISBN 7-5064-0984-4

0281 实用牛仔产品染整技术/刘瑞明编著. -北京：中国纺织出版社，2003. -ISBN 7-5064-2488-6

0282 毛纺织染整手册. 上册. 2版/上海市毛麻纺织工业公司编. -北京：纺织工业出版社，1995.04. -ISBN 7-5064-0900-3

0283 毛纺织染整手册. 下册. 2版/上海市毛麻纺织工业公司编. -北京：纺织工业出版社，1995.04. -ISBN 7-5064-0984-4

0284 合成纤维及混纺纤维制品的染整/罗巨涛主编. -北京：纺织工业出版社，2002.05. -ISBN 7-5064-2013-9

0285 新合纤染整/宋心远主编. -北京：中国纺织出版社，1997. -ISBN 7-5064-1321-3

0286 真丝绸染整新技术/周宏湘编著. -北京：纺织工业出版社，1997. -ISBN 7-5064-1245-4

0287 牛仔成衣洗水实用技术/李国锋编著. -北京：中国纺织出版社，2014.

07. -ISBN 978-7-5180-0668-7

0288 毛纺织染整工艺简明手册/《毛纺织染整工艺简明手册》编写组编著. -北京：中国纺织出版社，1997. -ISBN 7-5064-1320-5

0289 真丝绸染整/杨丹编著. -北京：纺织工业出版社，1992.09. -ISBN 7-5064-0764-7

0290 丝绸染整手册. 2版/陆锦昌，方纫芝主编. -北京：中国纺织出版社，1995. -ISBN 7-5064-1103-2

0291 染料应用手册. 上/上海纺织工业局《染料应用手册》编写组编. -北京：纺织工业出版社，1995.01. -ISBN 7-5064-0314-5

0292 染料应用手册. 下/上海纺织工业局《染料应用手册》编写组编. -北京：纺织工业出版社，1995.01. -ISBN 7-5064-0343-9

0293 测色配色CAD应用手册/金远同，李勤等编著. -北京：纺织工业出版社，2001.06. -ISBN 7-5064-1976-9

0294 颜色测量在纺织工业中的应用/徐行，潘忠诚编. -北京：纺织工业出版社，1988. 统一书号：15041.1574

0295 染整实用仿色技术/张冀鄂，丁文才编著. -上海：东华大学出版社，2011.09. -ISBN 978-7-81111-916-9

0296 染料和颜料实用着色技术：纺织品的染色与印花/徐捷，张红鸣编著. -北京：化学工业出版社，2006.01. -ISBN 7-5025-7726-2

0297 中国传统植物染料现代研发与生态纺织技术/周启澄，王璐，张斌等编著. -上海：东华大学出版社，2015.03. -ISBN 978-7-5669-0727-1

0298 草木染服饰设计/张丽琴著. -上海：东华大学出版社，2018.08. -ISBN 978-7-5669-1468-2

0299 织物间歇式染色技术/刘江坚编著. -北京：中国纺织出版社，2012.11. -ISBN 978-7-5064-9254-6

0300 双组分纤维纺织品的染色/唐人成等编著. -北京：中国纺织出版社，2003.10. -ISBN 7-5064-2684-6

0301 毛和仿毛产品的染色与印花/滑钧凯编著. -北京：中国纺织出版社，1996.12. -ISBN 7-5064-1139-3

0302 天然染料及其染色应用/于颖著. -北京：中国纺织出版社，2020.10.

—ISBN 978-7-5180-7644-4

0303 中国植物染技法/黄荣华著.-北京：中国纺织出版社，2018.04. —ISBN 978-7-5180-4800-7

0304 天然染料在真丝染色中的应用/路艳华著.-北京：中国纺织出版社，2017.01.-ISBN 978-7-5180-2995-2

0305 织花图案设计/周赳，张爱丹著.-上海：东华大学出版社，2015.11. —ISBN 978-7-5669-0950-3

0306 纺织品图案设计与应用/周慧主编.-北京：化学工业出版社，2016.09.-ISBN 978-7-122-27817-3

0307 纺织品图案与色彩设计研究/尚玉珍著.-北京：中国纺织出版社，2020.05.-ISBN 978-7-5180-6700-8

0308 中国传统经典纺织品纹样史/李建亮主编.-北京：中国纺织出版社，2020.03.-ISBN 978-7-5180-6825-8

0309 特种印花/王雪燕，赵川，任燕编著.-北京：化学工业出版社，2014.09.-ISBN 978-7-122-20571-1

0310 纺织品数码印花技术/王华主编.-上海：东华大学出版社，2019.06. —ISBN 978-7-5669-1584-9

0311 织物抗皱整理/陈克宁，董瑛编著.-北京：中国纺织出版社，2005.06.-ISBN 7-5064-3372-9

0312 纺织品抗菌及防螨整理/商成杰编著.-北京：中国纺织出版社，2009.01.-ISBN 978-7-5064-5345-5

0313 中国纺织品整理及进展．第一卷/孙铠，沈淦清总主编.-北京：中国轻工业出版社，2013.09.-ISBN 978-7-5019-9397-0

0314 中国纺织品整理及进展．第二卷/孙铠，沈淦清总主编.-北京：中国轻工业出版社，2015.05.-ISBN 978-7-5184-0427-8

0315 织物的功能整理/薛迪庚著.-北京：纺织工业出版社，2000.01.-ISBN 7-5064-1607-7

0316 Lyocell纺织品染整加工技术/唐人成等编著.-北京：纺织工业出版社，2001.10.-ISBN 7-5064-2063-5

0317 纺织品整理学/郭腊梅主编.-北京：中国纺织出版社，2005.12.

-ISBN 7-5064-3610-8

0318 染整工业词典/陆钟玉主编.-北京：纺织工业出版社，1994.08.-ISBN 7-5064-0850-3

0319 最新染整设备与染料使用管理手册 一/李小谷著.-合肥：安徽文化音像出版社，2003.10.-ISBN 788413618X

0320 最新染整设备与染料使用管理手册 二/李小谷著.-合肥：安徽文化音像出版社，2003.10.-ISBN 788413618X

0321 最新染整设备与染料使用管理手册 三/李小谷著.-合肥：安徽文化音像出版社，2003.10.-ISBN 788413618X

0322 最新染整设备与染料使用管理手册 四/李小谷著.-合肥：安徽文化音像出版社，2003.10.-ISBN 788413618X

二、德州市馆藏纺织文献特色期刊目录

0001 现代丝绸科学与技术/苏州大学；现代丝绸国家工程实验室（苏州）.江苏省苏州市.-ISSN 1674-8433

0002 印染/上海市纺织科学研究院有限公司；全国印染科技信息中心.上海市.-ISSN 1000-4017

0003 国际纺织导报/东华大学.上海市.-ISSN 1007-6867

0004 辽宁丝绸/辽宁柞蚕丝绸科学研究院.辽宁省丹东市.-ISSN 1671-3389

0005 现代纺织技术/浙江理工大学；浙江省纺织工程学会.浙江省杭州市.-ISSN 1009-265X

0006 轻纺工业与技术/广西绢麻纺织科学研究所有限公司.广西壮族自治区南宁市.-ISSN 2095-0101

0007 上海纺织科技/上海市纺织科学研究院.上海市.-ISSN 1001-2044

0008 中国纺织/中国纺织工业联合会.北京市.-ISSN 0529-6013

0009 中国纺织文摘/纺织产品开发中心.北京市.-ISSN 1003-3017

0010 纺织导报/中国纺织信息中心.北京市.-ISSN 1003-3025

0011 纺织科学研究/中国纺织科学研究院有限公司.北京市.-ISSN 1003-1308

0012 纺织科技进展/四川省纺织科技情报中心站；四川省纺织工程学会.四

川省成都市.-ISSN 1673-0356

0013 纺织学报/中国纺织工程学会.北京市.-ISSN 0253-9721

0014 山东纺织科技/山东纺织工程学会；山东省纺织科学研究院.青岛市.-ISSN 1009-3028

0015 纺织文摘/上海市纺织科学研究院.上海市.-ISSN 1000-3916

0016 合成纤维/上海市合成纤维研究所.上海市.-ISSN 1001-7054

0017 纺织机械/中国纺织机械协会.北京市.-ISSN 1003-2290

0018 产业用纺织品/东华大学；全国产业用纺织品科技情报站.上海市.-ISSN 1004-7093

0019 棉纺织技术/陕西省纺织科学研究院；中国纺织信息中心.陕西省西安市.-ISSN 1001-7415

0020 毛纺科技/中国纺织信息中心；中国纺织工程学会.北京市.-ISSN 1003-1456

0021 针织工业/天津市针织技术研究所；中国纺织信息中心.天津市.-ISSN 1000-4033

0022 印染助剂/江苏苏豪传媒有限公司.江苏省常州市.-ISSN 1004-0439

0023 染整技术/江苏苏豪传媒有限公司；中国印染行业协会；江苏省纺织工程学会.江苏省常州市.-ISSN 1005-9350

附 录

德州市纺织企业名录

德州市共有注册在业纺织企业954家,其中德城区71家、禹城市56家、乐陵市65家、宁津县33家、齐河县41家、陵城区122家、临邑县50家、平原县28家、武城县122家、夏津县345家、庆云县21家。

一、德城区(71家)

0001 德州市恒通工贸有限公司
0002 山东德棉集团有限公司
0003 山东德棉集团德州实业有限公司
0004 山东德棉集团德州民生织造有限公司
0005 山东德棉集团德州印染有限公司
0006 德州市华昌织巾有限责任公司
0007 德州远方针织袜业有限公司
0008 德州润泽纺织有限公司
0009 鲁银投资集团德州羊绒纺织有限公司
0010 德州华源生态科技有限公司
0011 德州中原集团有限公司
0012 德州兆德工贸有限公司
0013 德州天祥棉业有限公司
0014 德州佳运纺织品有限公司
0015 德州恒基环保科技有限公司
0016 德州中汇纺织材料有限公司
0017 德州凯瑞绒布有限公司

0018 德州市旭江家用纺织品有限公司

0019 德州元茂纺织有限公司

0020 德州瑞源服装有限公司运河经济开发区分公司

0021 德州西子丝绸有限公司

0022 德州市派达工贸有限公司

0023 山东金紫荆生态科技有限公司

0024 德州佳同复合材料有限公司

0025 德州新昊纺织有限公司

0026 山东德棉纺织科技有限公司

0027 德州美恒碳纤维有限公司

0028 山东德润新材料科技有限公司

0029 德州市惠力针织有限公司

0030 德州市德城区佟三角服装有限公司

0031 德州市海德服装有限公司

0032 德州振博服饰有限公司

0033 德州锦棉纺织有限公司

0034 德州圣茂商标辅料有限公司

0035 德州百诺纺织品有限公司

0036 德州追梦家纺有限公司

0037 德州亮彩家用纺织品有限公司

0038 德州泰宇羊绒制品有限公司

0039 德州昌源过滤材料科技有限公司

0040 德州市清爽口罩有限公司

0041 德州兴德棉织造有限公司

0042 德州卡姆帕特纺织有限公司

0043 德州美绮纺织有限公司

0044 德州荣沛霖纺织品有限公司

0045 德州市鲁凯纺织品有限公司

0046 德州绮云纺织有限公司

0047 山东恒棉纺织有限公司

0048 德州恒荣纺织有限公司

0049 德州碧盈纺织有限公司
0050 德州旭隆无纺布有限公司
0051 德州尚锦羊绒纺织科技有限公司
0052 德州佳盛无纺布有限公司
0053 德州峰发纺织品有限公司
0054 山东了凡家纺有限公司
0055 德州嘉通棉业有限公司
0056 德州存香纺织品有限公司
0057 德州泽熙篷布有限公司
0058 德州源达针织有限公司
0059 德州华建纺织品有限公司
0060 德州中泽绒布有限公司
0061 德州紫澜纺织品有限公司
0062 德州德源过滤材料有限公司
0063 德州经济技术开发区东泽纺织品有限公司
0064 德州蜗牛窗帘有限公司
0065 德州盛康纺织品有限公司
0066 山东臻芯棉家纺有限公司
0067 德州鸿森帆布制品有限公司
0068 德州正华纺织品有限公司
0069 德州市妍宇纺织品有限公司
0070 德州市锦织纺织有限公司
0071 德州元济纺织有限公司

二、禹城市（56家）

0072 鲁银投资集团山东毛绒制品有限公司
0073 山东禹城新意发制品有限公司
0074 山东德信羊绒科技有限公司
0075 禹城市晓阳商标科技有限公司
0076 禹城市赛迈特工贸有限公司

0077 山东祥鼎毛绒纺织有限公司
0078 山东中恒羊绒纺织有限公司
0079 山东茂丰羊绒制品有限公司
0080 鲁银集团禹城羊绒纺织有限公司
0081 山东新易丰毛绒制品有限公司
0082 山东省李氏羊绒纺织有限公司
0083 禹城新源发制品有限公司
0084 禹城市金浩羊绒制衣有限公司
0085 山东佰禾纺织有限公司
0086 禹城啄木鸟羊绒科技有限公司
0087 禹城市恒源发制品有限公司
0088 禹城市金衫纺织有限公司
0089 禹城盛雅毛绒纺织有限公司
0090 禹城东鹏纺织有限公司
0091 禹城余新毛绒制品有限公司
0092 山东正昊新材料科技有限公司
0093 山东富嘉化纤织造有限公司
0094 山东禹城汉唐无纺布制品有限公司
0095 禹城市鑫源毛绒制品有限公司
0096 禹城市瑞鑫毛绒制品有限公司
0097 禹城顺德隆纤维科技有限公司
0098 禹城市恒源纺织有限公司
0099 禹城市圆方发制品有限公司
0100 禹城市蒙娜丽纱科技有限公司
0101 山东朗泰新材料科技有限公司
0102 禹城市祥云毛纺有限公司
0103 禹城市鸿昌毛绒制品有限公司
0104 禹城市禹佳服饰有限公司
0105 禹城市木棉纺织有限公司
0106 禹城市黛西发制品有限公司
0107 禹城多彩绒羊绒制品有限公司

0108 禹城市温禹纺织有限公司
0109 禹城市鸿源纺织有限公司
0110 禹城佳华纺织品有限公司
0111 禹城瀚羽毛绒制品有限公司
0112 禹城市诚达纺织有限公司
0113 德州禹源羊绒纺织有限公司
0114 上海瑀芃针织有限公司禹城分公司
0115 禹城惠泽纺织有限公司
0116 禹城市德贤毛绒制品有限公司
0117 禹城市睿绣发制品有限公司
0118 山东建伟土工材料有限公司
0119 禹城市艺牧羊绒制品有限公司
0120 山东信德花式纺织科技有限公司
0121 德州梦伊曼家纺有限公司
0122 德州秉沅商贸有限公司
0123 禹城市正泽织带有限公司
0124 禹城市永盛纺织有限公司
0125 禹城市温丰纺织有限公司
0126 浩阳环境股份有限公司
0127 山东嘉泽羊绒制品有限公司

三、乐陵市（65家）

0128 乐陵市希森（集团）棉织制品有限公司
0129 山东华乐实业集团有限公司
0130 乐陵市乐兴棉业有限公司
0131 乐陵市华泰农贸有限公司
0132 山东安达化纤制品有限公司
0133 乐陵市益源棉业有限公司
0134 乐陵慧源毛纺有限公司
0135 乐陵市大海棉制品有限公司

0136 乐陵市银海棉业有限公司

0137 乐陵市河山针织有限公司

0138 乐陵市逢华针织有限公司

0139 乐陵市华晨纺织有限公司

0140 乐陵亿鑫纺织制品有限责任公司

0141 乐陵市东康化纤织造有限公司

0142 乐陵市源利纺织有限公司

0143 乐陵市晟祥纺织有限公司

0144 乐陵市昌升纺织有限公司

0145 乐陵恒隆纺织有限公司

0146 乐陵市兴旺化纤纺织有限公司

0147 乐陵创润无纺布有限公司

0148 乐陵市盛达纺织有限公司

0149 乐陵市伯特利纺织制品有限公司

0150 乐陵市鼎盛纺织有限公司

0151 乐陵市俊峰新材料科技有限公司

0152 乐陵市实亿蓬业有限公司

0153 乐陵恒跃帆布制品有限公司

0154 乐陵市贵和纺织有限公司

0155 帽美针织有限公司

0156 山东晟达顺户外用品科技有限公司

0157 乐陵市博皓纺织科技有限公司

0158 乐陵市国辉纺织品有限公司

0159 德州德盛新型材料有限公司

0160 山东梦思缘家纺有限公司

0161 乐陵市龙萱纺织品有限公司

0162 乐陵市四通帆布制品有限公司

0163 乐陵市润发帆布制品有限公司

0164 乐陵市乐泰帆布制品有限公司

0165 乐陵市瑞景帆布制品有限公司

0166 乐陵市长久帆布制品有限公司

0167 乐陵市广武帆布制品有限公司

0168 乐陵市志广帆布制品有限公司

0169 乐陵市鲁建帆布制品有限公司

0170 乐陵市金瑞帆布制品有限公司

0171 乐陵市禾实帆布制品有限公司

0172 山东威钺新材料有限公司

0173 德州浙越布业有限公司

0174 乐陵市惠隆家居有限公司

0175 乐陵盛帆帆布制品有限公司

0176 乐陵市鑫汇帆布制品有限公司

0177 乐陵市宏巨帆布制品有限公司

0178 乐陵市皓泽帆布制品有限公司

0179 山东鑫德户外用品有限公司

0180 乐陵市顺泰纺织有限公司

0181 乐陵市涵裕编织有限公司

0182 山东志凡家居用品有限公司

0183 山东意展窗饰有限公司

0184 乐陵市浩众帆布制品有限公司

0185 乐陵市德乐帆布制品有限公司

0186 德州鑫祥羊绒制品有限公司

0187 乐陵市盛蓝户外用品有限公司

0188 乐陵市功麒纺织有限公司

0189 乐陵市供销畜产品有限公司

0190 乐陵市睿智纺织有限公司

0191 山东华强新材料有限公司

0192 乐陵市希森（集团）棉纺制品有限公司

四、宁津县（33家）

0193 宁津喜盈门纺织有限公司

0194 山东英达纺织有限公司

0195 宁津县广润棉业有限公司
0196 德州恒瑞棉业有限公司
0197 山东省宁津县明达棉业有限公司
0198 山东省宁津县乾丰纤维素有限公司
0199 宁津县华远纤维素有限责任公司
0200 宁津县裕丰棉业有限公司
0201 宁津县金龙纺织有限公司
0202 宁津县隆昌纺织有限公司
0203 宁津县嘉晟纺织有限公司
0204 山东美达饰品有限公司
0205 宁津县利达针织有限公司
0206 宁津县银龙纺织有限公司
0207 宁津县金熙兰户外用品有限公司
0208 宁津县质信网具有限公司
0209 宁津县通亚毛制品有限公司
0210 宁津裕阳家纺有限公司
0211 宁津县明昊纺织有限公司
0212 宁津嘉鸿纺织有限公司
0213 宁津县发展帐篷制造有限公司
0214 山东港安汽车内饰材料有限公司
0215 德州优胜者户外用品有限公司
0216 德州凯盛布艺有限公司
0217 宁津嘉皓家纺有限公司
0218 德州南林土工材料有限公司
0219 宁津县恒泰针织品有限公司
0220 宁津县暗香舒梦床上用品有限公司
0221 德州市佳菁诚纺织品有限公司
0222 宁津锦鸿纺织有限公司
0223 宁津温鑫纺织有限公司
0224 宁津县津嘉纺织有限公司
0225 山东华懋实业有限公司

五、齐河县（41家）

0226 齐河县佳华棉麻有限公司

0227 齐河县祥龙棉麻有限公司

0228 齐河县裕华棉麻有限公司

0229 齐河县兴华棉麻有限公司

0230 齐河县瑞华棉麻有限公司

0231 齐河县福龙棉麻有限公司

0232 齐河鲁驰工贸有限责任公司

0233 齐河县桦明工贸有限公司

0234 齐河县潘店德利绣品有限公司

0235 齐河美东工贸有限公司

0236 齐河县金绵织业有限公司

0237 齐河美奥家居有限公司

0238 山东乾顺鸿锦棉制品有限公司

0239 山东大舜灵麒羊绒纺织有限公司

0240 齐河华茂纺织有限公司

0241 齐河一正线业有限公司

0242 齐河勇磊纺织有限公司

0243 齐河华绒纺织有限公司

0244 齐河县天宇纺织有限公司

0245 齐河县永旺纺织有限公司

0246 山东蓉渊家纺有限公司

0247 齐河宏强纺织有限公司

0248 齐河华达纺织有限公司

0249 齐河鑫盛纺织有限公司

0250 齐河县文乐家纺有限公司

0251 齐河县瑞祥纺织品有限公司

0252 齐河县永祥纺织有限公司

0253 山东上润熠成丝业有限公司

0254 齐河县菲凡纺织有限公司

0255 齐河县久恒纺织有限公司

0256 齐河县旺兴纺织有限公司

0257 齐河华恒生态纺织科技有限公司

0258 齐河县依娜气模道具有限公司

0259 齐河县古晏桑蚕有限公司

0260 齐河县金丽涵织业有限公司

0261 齐河县海运编织绳有限公司

0262 齐河县琦轩床垫有限公司

0263 山东鸿润油脂有限公司

0264 齐河县臣兰窗饰有限公司

0265 齐河县汇捻制线有限公司

0266 齐河县汇和毛巾有限公司

六、陵城区（122家）

0267 德州恒丰纺织有限公司

0268 德州美东地毯有限公司

0269 德州同乐毛纺织有限公司

0270 山东黎明纺织有限公司

0271 德州晨光纺织有限公司

0272 山东颜春纺织有限公司

0273 陵县富通纺织品有限公司

0274 德州海峨丝高工艺品有限公司

0275 陵县盛泽特色纺织品有限公司

0276 陵县东晟纺织品有限公司

0277 山东同日雅之银数控科技有限公司

0278 山东宏运土工材料有限公司

0279 山东锦祥新材料有限公司

0280 陵县钰祥纺织有限公司

0281 山东德汇特新材料有限公司

0282 德州华宇新材料工程有限公司

0283 山东实德土工合成材料工程有限公司

0284 陵县恒丰纺织品有限公司

0285 陵县恒宇纺织品有限公司

0286 德州瑞祥无纺有限公司

0287 德州富华生态科技有限公司

0288 山东江南化纤科技有限公司

0289 山东建通工程科技有限公司

0290 德州颜凤棉业有限公司

0291 山东恒瑞通新材料工程有限公司

0292 陵县泽坤纺织品有限公司

0293 德州同兴土工材料有限公司

0294 德州蓝天纺织有限公司

0295 德州鑫祥土工材料有限公司

0296 山东七彩莲羊绒科技有限公司

0297 山东领翔新材料有限公司

0298 山东德旭达土工材料有限公司

0299 陵县鑫泰家纺有限公司

0300 德州润利无纺制品有限公司

0301 德州维多利特新材料科技有限公司

0302 陵县鑫布达纺织品有限公司

0303 陵县盛东家纺有限公司

0304 陵县瑞恒纺织有限公司

0305 德州颜春科技材料有限公司

0306 德州利和织造有限公司

0307 德州荣欣家纺有限公司

0308 德州玉川生物科技有限公司

0309 德州晨曦纺织品有限公司

0310 德州市陵城区德仁织造有限公司

0311 德州榕昆纺织品有限公司

0312 德州天运纺织有限公司

0313 德州市陵城区德鹏织造有限公司
0314 德州凡奥新材料有限公司
0315 德州市陵城区尚荣织造有限公司
0316 德州富琦生态科技有限公司
0317 山东新阳布业有限公司
0318 德州市陵城区展康新材料有限公司
0319 德州禾鹏土工材料有限公司
0320 德州凡拓土工材料有限公司
0321 德州博达土工材料有限公司
0322 德州韦代会纺织有限公司
0323 山东浩祥土工材料有限公司
0324 山东建通土工材料有限公司
0325 德州森泰环保科技有限公司
0326 山东方林土工材料有限公司
0327 德州崚泰土工材料有限公司
0328 德州乾瑞地毯有限公司
0329 德州市陵城区源浩土工材料有限公司
0330 德州昱帆土工材料有限公司
0331 德州市陵城区源泰土工材料有限公司
0332 德州市陵城区二零一八纺织有限公司
0333 山东东瑞土工材料有限公司
0334 德州恒途纺织有限公司
0335 德州聚润德无纺制品有限公司
0336 德州市陵城区宇隆土工材料有限公司
0337 山东同鹏土工材料有限公司
0338 德州腾泓土工材料有限公司
0339 德州杰明土工材料有限公司
0340 山东泰克丝纺织有限公司
0341 德州盈辉无纺布有限公司
0342 安徽伯希和户外装备用品有限公司德州分公司
0343 德州翔实土工材料有限公司

0344 德州梓辉土工材料有限公司
0345 德州程茗纺织品有限公司
0346 德州瑞祥土工材料有限公司
0347 德州鑫达土工材料有限公司
0348 德州鑫德土工材料有限公司
0349 德州慧雅无纺布有限公司
0350 德州锡泰土工材料有限公司
0351 德州陆汛土工材料有限公司
0352 德州博文棉纺织有限公司
0353 德州钰宸土工材料有限公司
0354 德州正飞土工材料有限公司
0355 德州陵城区宏林纺织有限公司
0356 德州恒鑫土工材料有限公司
0357 德州盛航土工材料有限公司
0358 山东颜陵土工材料有限公司
0359 德州泓鑫土工材料有限公司
0360 德州正恩土工材料有限公司
0361 山东远德土工材料有限公司
0362 山东恒阳新材料有限公司
0363 德州森泰土工材料有限公司
0364 德州明德土工材料有限公司
0365 德州铁科腾达土工材料有限公司
0366 德州天润纺织科技有限公司
0367 德州锦诚土工材料有限公司
0368 德州宏瑞土工材料有限公司
0369 德州露雅纺织品有限公司
0370 德州市陵城区仁和纺织科技有限公司
0371 德州科信兴宇纺织有限公司
0372 德州汇鸿纺织品有限公司
0373 山东天仁新材料有限公司
0374 德州耀华土工材料有限公司

0375 德州中瑞土工材料工程有限公司

0376 宏祥新材料股份有限公司

0377 山东鸿跃环保科技股份有限公司

0378 山东鑫宇土工材料工程有限公司

0379 山东茂源新材料有限公司

0380 德州华翔新材料科技有限公司

0381 山东金信达土工材料有限公司

0382 德州锦旺土工材料有限公司

0383 德州宏瑞土工材料厂

0384 德州环悦工程材料有限公司

0385 德州宇润土工材料有限公司

0386 德州润泽土工材料有限公司

0387 山东驼王非织造布有限公司

0388 山东晶创新材料科技有限公司

七、临邑（50家）

0389 临邑鑫东纺织有限公司

0390 临邑华源纺织有限公司

0391 临邑富强塑业有限公司

0392 山东方雨帆布制品有限公司

0393 山东临邑联华纺织有限公司

0394 临邑蓝天帆布制品有限公司

0395 山东开元羊绒制品有限公司

0396 临邑润丰羊绒制品有限公司

0397 临邑恒鑫帆布制品有限公司

0398 天鼎丰非织造布有限公司

0399 临邑县信德纺织有限公司

0400 临邑胜利纺织有限公司

0401 临邑好仕达羊绒纺织有限公司

0402 临邑县恒盛劳保用品有限公司

0403 临邑县黄河绳网有限公司
0404 临邑县如意兴泰纺织品有限公司
0405 临邑县宏丰纺织有限公司
0406 山东越达化纤科技有限公司
0407 临邑顺兴纺织有限公司
0408 山东群峰纺织科技发展有限公司
0409 山东申洲毛纺有限公司
0410 临邑仁和针织有限公司
0411 山东科贝尔非织造材料科技有限公司
0412 临邑善宇纺织有限公司
0413 德州天之萌纺织有限公司
0414 临邑和盛纺织品有限公司
0415 临邑吉增劳保用品有限公司
0416 德州泽润棉纺织有限公司
0417 临邑为民纺织有限公司
0418 临邑兴伟纺织有限公司
0419 临邑建强纺织品有限公司
0420 临邑互利纺织品制造有限公司
0421 临邑盈盛纺织有限公司
0422 临邑三同纺织有限公司
0423 德州义众棉业有限公司
0424 临邑北蕊纺织有限公司
0425 临邑丰茂纺织有限公司
0426 临邑宸东纺织有限公司
0427 德州春景纺织有限公司
0428 临邑大美纺织品有限公司
0429 山东阿斯兰德新材料有限公司
0430 临邑澳泰纺织有限公司
0431 临邑县金秋棉业加工厂
0432 临邑鑫浩林织布厂
0433 临邑纤美纺织有限公司

0434 临邑龙岩纺织有限公司

0435 临邑恒丰纺织科技有限公司

0436 天鼎丰聚丙烯材料技术有限公司

0437 临邑万盛纺织有限公司

0438 山东恒通纺织贸易有限公司

八、平原县（28家）

0439 平原县巨龙棉业有限公司

0440 德州兴泰纺织品有限公司

0441 平原县佳和棉业有限公司

0442 山东迈格贝特机械有限公司

0443 平原县德业纺织品有限公司

0444 平原县泰阳工贸有限责任公司

0445 平原县张华棉业有限公司

0446 平原县兴龙纺织有限公司

0447 山东富丽达纺织有限公司

0448 平原军伟家纺有限公司

0449 德州汇佳纺织品有限公司

0450 德州智顶织造有限公司

0451 德州立华网毯有限公司

0452 平原龙甲户外纺织科技有限公司

0453 平原县润洁纺织品有限公司

0454 平原县胜佳纺织科技有限公司

0455 平原信源布业有限公司

0456 平原县瑞源纺织服装有限公司

0457 平原县润德纺织有限公司

0458 平原县星月家纺有限公司

0459 平原县德泰纺织有限公司

0460 平原鸿蕾工贸有限公司

0461 山东润耀环保科技有限公司

0462 平原莲茹织带有限公司

0463 平原康达布业有限公司

0464 德州兴茂布业有限公司

0465 平原恒丰纺织科技有限公司

0466 平原森林德业纺织有限公司

九、武城县（122家）

0467 山东省武城县成龙纺织有限公司

0468 武城县南洋纺织有限公司

0469 山东武城银河纺织有限公司

0470 武城县银达棉业有限公司

0471 武城县宏达油业有限公司

0472 武城县腾飞棉业有限公司

0473 武城县福乐棉纺织品有限公司

0474 武城县银山棉业有限公司

0475 德州恒业织造有限公司

0476 武城县鑫兴棉业有限公司

0477 武城县吉兴棉业有限公司

0478 武城县天宏棉业有限公司

0479 武城县银泰棉业有限公司

0480 武城县银江油棉有限公司

0481 山东民福新材料科技有限公司

0482 武城县旭升棉业有限公司

0483 武城县三信棉业有限公司

0484 武城县鑫玉棉业有限公司

0485 武城县天利棉业有限公司

0486 武城县和顺棉业有限公司

0487 武城县嘉洋棉业有限公司

0488 武城县隆兴棉业有限公司

0489 武城县大华棉业有限公司

0490 武城县通源棉业有限公司

0491 武城县厚丰棉业有限公司

0492 武城县天和棉业有限公司

0493 武城县金利棉业有限公司

0494 武城县盛源织布有限公司

0495 武城县跃华棉业有限公司

0496 武城县清波棉纺织有限公司

0497 武城县光大纺织有限公司

0498 武城县祥元织布有限公司

0499 武城县华美棉业有限公司

0500 武城县德亿安棉纺织有限公司

0501 武城县龙腾纺织有限公司

0502 德州市锦茂羊绒制品有限公司

0503 武城县怡丰纺织有限公司

0504 武城县恒基棉业有限公司

0505 武城县盛鑫棉业有限公司

0506 武城县星海棉业有限公司

0507 武城县锦林棉业有限公司

0508 武城县盛荣安业毛纺有限公司

0509 武城县康妮纺织有限公司

0510 德州美梭纺织品有限公司

0511 武城县强盛羊绒制品有限公司

0512 德州市宝达服饰有限公司

0513 德州和祥羊绒制品有限公司

0514 德州素布生活家居有限公司

0515 德州恒硕纺织品有限公司

0516 武城县鼎盛棉业有限公司

0517 武城县众兴絮棉有限公司

0518 山东佰高仕纺织品有限公司

0519 德州璐嘉汽车内饰材料有限公司

0520 山东梦达织业科技有限公司

0521 武城县发洋棉业有限公司

0522 武城县华纶棉业有限公司

0523 武城县宏昇棉业有限公司

0524 武城县齐心棉业有限公司

0525 德州博泰过滤材料有限公司

0526 武城县茂丰棉业有限公司

0527 武城县同昌棉业有限公司

0528 武城县兰桂布业有限公司

0529 武城县德海棉业有限公司

0530 武城县润宏棉业有限公司

0531 武城县志友棉业有限公司

0532 武城县兴旺棉业有限公司

0533 武城县鹏悦棉业有限公司

0534 武城县龙强棉业有限公司

0535 德州顺康家纺有限公司

0536 武城县鑫秀绒业有限公司

0537 武城县瑞金棉业有限公司

0538 德州鲁浙棉业有限公司

0539 武城县荣凯纺织有限公司

0540 武城县银发棉业有限公司

0541 武城县浩发棉业有限公司

0542 武城县成佳棉业有限公司

0543 武城县聚胜纺织品有限公司

0544 山东旭源棉业有限公司

0545 德州国豪纺织有限公司

0546 武城县广发棉业有限公司

0547 武城县兴志棉业有限公司

0548 武城县隆康棉业有限公司

0549 武城县盛泽棉业有限公司

0550 武城县金庆棉业有限公司

0551 武城县乐贝家纺有限公司

0552 武城县芊润棉纺织有限公司
0553 武城县亚宁棉纺织品有限公司
0554 武城县鸿通棉业有限公司
0555 武城县鑫棉棉业有限公司
0556 武城县天恒棉业有限公司
0557 武城县弘科棉业有限公司
0558 武城县众腾棉业有限公司
0559 武城县飞耀纺织品有限公司
0560 武城县桓铭服装有限公司
0561 武城县奥弘纺织制品有限公司
0562 武城县廷帅棉业有限公司
0563 山东旭朝纺织品有限公司
0564 武城县国涛棉业有限公司
0565 武城县晨丰无纺布制品有限公司
0566 德州绿旺新型材料有限公司
0567 武城县万泰棉业有限公司
0568 武城县德上纺织品有限公司
0569 武城县天宏家纺有限公司
0570 武城县德通棉业有限公司
0571 武城县德豪棉业有限公司
0572 武城县怀发棉业有限公司
0573 武城县恒德棉业有限公司
0574 武城县银诚棉业有限公司
0575 武城县浩恒棉业有限公司
0576 武城县晟强棉业有限公司
0577 武城县茂源棉业有限公司
0578 武城县盛浩棉业有限公司
0579 武城县鑫浩棉业有限公司
0580 武城县嘉鑫棉业有限公司
0581 武城县滨凯棉业有限公司
0582 武城华一棉业有限责任公司

0583 武城县金亿棉业有限公司

0584 武城县鹏博棉业有限公司

0585 武城县华源棉业有限公司

0586 武城县银海棉花加工厂

0587 山东武城德源纺织有限公司

0588 山东凯地兰科技股份有限公司

十、夏津县（345家）

0589 夏津县宗广鑫源纺织有限公司

0590 夏津盛盟织染有限公司

0591 夏津县光明纺织品有限公司

0592 夏津县霞光实业有限公司

0593 德州恒华纺织有限公司

0594 夏津县天润纺织有限公司

0595 夏津县瑞泰纺织有限公司

0596 山东省夏津县茂盛毛巾有限公司

0597 夏津丰润实业有限公司

0598 夏津县华达巾被有限公司

0599 夏津县兴时棉业有限公司

0600 夏津县同惠纺织有限公司

0601 夏津县金驰纺织有限公司

0602 夏津县新时棉业有限公司

0603 夏津县瑞生棉业有限公司

0604 夏津县金谷园纺织有限公司

0605 夏津县瑞鑫纺织有限公司

0606 夏津县天信纺织有限公司

0607 夏津县润盛织业有限公司

0608 夏津县银苑纺织有限公司

0609 夏津县鑫龙纺织有限公司

0610 夏津县永丰棉业有限公司

0611 夏津县华延棉业有限公司

0612 夏津县祥和棉业有限公司

0613 夏津县诚信纺织有限公司

0614 夏津县兴盛棉花有限公司

0615 夏津县恒通纺织有限公司

0616 夏津天意针织有限公司

0617 夏津县恒发纺织有限公司

0618 夏津县恒信纺织有限公司

0619 夏津县昊宇纺织有限公司

0620 德州丽鸿置业有限公司

0621 夏津县挚信纺织有限公司

0622 夏津县恒誉纺织有限公司

0623 夏津县新平棉业有限公司

0624 华芳夏津纺织有限公司

0625 夏津县晟林纺织有限公司

0626 夏津县宏丰棉业有限公司

0627 夏津县天昕纺织有限公司

0628 夏津县福达纺织有限公司

0629 夏津县运河棉纺织有限公司

0630 夏津县华绒油棉有限公司

0631 夏津县英航纺织有限公司

0632 华芳夏津棉业有限公司

0633 夏津县源丰纺织有限公司

0634 夏津国道纺织有限公司

0635 夏津赛莱特针织有限公司

0636 夏津县中天纺织有限公司

0637 夏津县正泰棉纺有限公司

0638 夏津县恒顺纺织有限公司

0639 夏津县弘祥工贸有限公司

0640 德州市彩虹织业有限公司

0641 夏津金达纺织有限公司

0642 夏津六合棉业有限公司

0643 夏津县金合皮棉经营有限公司

0644 夏津县大昌织业有限公司

0645 夏津县长顺棉业有限公司

0646 夏津县东兴纺织有限公司

0647 夏津杰出针织有限公司

0648 夏津运通纺织有限公司

0649 夏津县启明纺织有限公司

0650 夏津县鑫亿达纺织有限公司

0651 夏津县众发棉纺有限公司

0652 夏津县旺盛皮棉经营有限公司

0653 夏津县金秋纺织有限公司

0654 夏津县玉祥纺织有限公司

0655 夏津众诚纺织有限公司

0656 夏津县福润织业有限公司

0657 夏津金牛纺织有限公司

0658 夏津县鲁中纺织有限公司

0659 夏津县恒惠纺织有限公司

0660 夏津县晟达源纺织有限公司

0661 夏津县福祥纺织有限公司

0662 夏津县振洲纺织有限公司

0663 夏津维尔维特家纺有限公司

0664 夏津县鑫裕纺织有限公司

0665 夏津县东信纺织有限公司

0666 夏津县鑫龙源纺织有限公司

0667 夏津县三强棉业有限公司

0668 夏津县鑫润福针织服饰有限公司

0669 夏津县汇鑫园纺织有限公司

0670 德州天意织带有限公司

0671 夏津裕顺倍捻有限公司

0672 夏津县格瑞纺织有限公司

0673 夏津县万通油脂有限公司
0674 夏津县祥旭棉业有限公司
0675 夏津县利兴达纺织有限公司
0676 夏津县飞天织染有限公司
0677 夏津县华腾棉业有限公司
0678 夏津县宏兴油脂有限公司
0679 山东鑫秋家纺有限公司
0680 夏津县锦花纤维科技有限公司
0681 夏津豪强纺织品有限公司
0682 夏津县丙岭棉业有限公司
0683 夏津鼎源绒毛有限公司
0684 夏津县金泰顺绒毛有限公司
0685 夏津县康奇绒毛有限公司
0686 夏津瑞丰巾被有限公司
0687 夏津县国增绒毛有限公司
0688 夏津县方建绒毛有限责任公司
0689 夏津仁和纺织科技有限公司
0690 夏津县纵英纺织有限公司
0691 夏津县泰元纺织有限公司
0692 夏津天晟针织有限公司
0693 夏津世纪恒华纺织有限公司
0694 夏津县汇盛油棉有限公司
0695 夏津县天丰纺织原料有限公司
0696 夏津县牧羊绒毛有限公司
0697 夏津县千禾服饰有限公司
0698 夏津县奥宇纺织有限公司
0699 夏津县奥航家纺有限公司
0700 夏津县美诗家纺有限公司
0701 夏津县源和棉业有限公司
0702 夏津县盛裕棉业有限公司
0703 夏津婴蓓儿家纺贸易有限公司

0704 夏津县旺东纺织有限公司

0705 夏津峰泰劳保用品有限公司

0706 华芳夏津织造有限公司

0707 夏津县银桥棉纺织有限公司

0708 夏津县富海纤维加工有限公司

0709 夏津县顺意织业有限公司

0710 夏津鸿泰纺织有限公司

0711 夏津县银夏长丰棉业有限公司

0712 夏津县义绒绒毛有限公司

0713 夏津县若臣棉业有限公司

0714 夏津恒鹏绒毛有限公司

0715 夏津春之棉家纺有限公司

0716 夏津县金同泰棉业有限公司

0717 夏津县德润纺织有限公司

0718 夏津县信源纺织有限公司

0719 夏津县正丰纺织有限公司

0720 夏津县鲁发棉业有限公司

0721 夏津县华彩绒毛有限公司

0722 夏津县丰安纺织有限公司

0723 夏津县鸿丰纺织有限公司

0724 夏津盛祥纺织有限公司

0725 夏津县贵裕绒毛有限公司

0726 夏津正鑫棉业有限公司

0727 夏津日新纺织有限公司

0728 夏津县泰鑫纺织有限公司

0729 夏津县宏百顺纺织有限公司

0730 夏津县福鑫地毯开松丝有限公司

0731 夏津县和谐纺织有限公司

0732 夏津县恒进纺织有限公司

0733 夏津新时兴纺织有限公司

0734 夏津县华棉纺织有限公司

0735 夏津恒晟源纺织有限公司
0736 夏津县恒旺棉业有限公司
0737 夏津县俊海纺织有限公司
0738 夏津县远达棉业有限公司
0739 夏津华锦绒毛有限公司
0740 夏津天盈纺织有限公司
0741 夏津县中硕纺织有限公司
0742 夏津东瑞棉业有限公司
0743 夏津县丰硕棉业有限公司
0744 夏津县丰实棉业有限公司
0745 夏津县旭源棉业有限公司
0746 夏津县天恒纺织有限公司
0747 夏津县聚合纺织有限公司
0748 夏津县贝奇绒业有限公司
0749 夏津县祥泰棉业有限公司
0750 夏津县启辰棉业有限公司
0751 夏津县康丰源纺织有限公司
0752 夏津县迎旭皮棉有限公司
0753 夏津县森浩绒业有限公司
0754 夏津县丰光棉业有限公司
0755 夏津雁南飞绒毛有限公司
0756 夏津县祥兵棉业有限公司
0757 夏津县帅政纺织品有限公司
0758 夏津县润时纺织有限公司
0759 夏津县迦南纺织有限公司
0760 夏津县茂发绒业有限公司
0761 夏津县卓远纺织有限公司
0762 夏津县利福源织业有限公司
0763 夏津县利丰纺织有限公司
0764 夏津县荣顺纺织有限公司
0765 夏津县功庆纺织有限公司

0766 夏津县润利棉业有限公司
0767 夏津县东恒纺织有限公司
0768 夏津县润祥纺织有限公司
0769 夏津县存博绒毛有限公司
0770 夏津县图辉绒毛制品有限公司
0771 夏津县化亮纺织有限公司
0772 德州东和纺织有限公司
0773 夏津县千丝纺织有限公司
0774 夏津县金益达纺织有限公司
0775 夏津县润德纺织有限公司
0776 夏津县迎奥棉业有限公司
0777 夏津县佳勇纺织有限公司
0778 夏津县欣久纺织有限公司
0779 夏津县鑫春纺织有限公司
0780 夏津旭祥毛纺制品有限公司
0781 夏津县晟泽纺织有限公司
0782 夏津县鑫兴纺织有限公司
0783 夏津县新起点纺织有限公司
0784 夏津县新启明纺织有限公司
0785 夏津县万佳特纺织有限公司
0786 夏津县郦勇棉业有限公司
0787 夏津县润森纺织有限公司
0788 夏津县旭诺家纺有限公司
0789 夏津县华飞纺织有限公司
0790 夏津县冠群纺织有限公司
0791 夏津县鲁润纺织有限公司
0792 夏津新奥诺尔服饰有限公司
0793 夏津县旺源纺织有限公司
0794 夏津瑞民纺织有限公司
0795 夏津鼎泰绒毛有限公司
0796 夏津丰润纺织有限公司

0797 夏津县荣美绒毛有限公司
0798 夏津县金娥绒毛有限公司
0799 夏津县预军立提净棉有限责任公司
0800 夏津县乾信纺织有限公司
0801 夏津县茂鑫绒毛制品有限公司
0802 夏津县滨鸿纺织有限公司
0803 夏津县众力织布有限公司
0804 夏津县思雅棉业有限公司
0805 夏津县凯怡棉业有限公司
0806 夏津县新静家纺有限公司
0807 夏津县梓汇纺织品有限公司
0808 夏津县福磊提净棉有限责任公司
0809 夏津县晖云帆纺织原料有限公司
0810 山东正通宏业过滤材料有限公司
0811 夏津县如亨纺织有限公司
0812 夏津县穹浩纺织有限公司
0813 夏津县科文绒毛有限公司
0814 夏津县洪鹏棉业有限公司
0815 夏津县发茂棉业有限公司
0816 夏津县军平纺织有限公司
0817 夏津县泰旺棉业有限公司
0818 夏津县宇哲棉业有限公司
0819 夏津鑫缘星绒毛有限公司
0820 夏津昌润纺织有限公司
0821 夏津县钰康纺织品有限公司
0822 夏津县运兴纺织有限公司
0823 夏津县杜恒纺织品有限公司
0824 夏津棉锦棉业有限公司
0825 夏津县宜成佳恒纺织有限公司
0826 夏津县顺时得纺织原料有限公司
0827 夏津县佼佼者卫生材料有限公司

0828 夏津县启平卫生材料有限公司
0829 夏津县正君纺织有限公司
0830 夏津县泽润绒毛有限公司
0831 夏津县锦盛源纺织有限公司
0832 夏津县酷乐纺织有限公司
0833 夏津县蒙福绒业有限公司
0834 夏津县庆润纺织品有限公司
0835 夏津县昌美纺织有限公司
0836 夏津县铭图纺织有限公司
0837 山东环升纺织科技有限公司
0838 山东雪之情羊绒制品有限公司
0839 夏津县丰仁棉业有限公司
0840 夏津县锦丹工贸有限公司
0841 夏津县永格泰纺织有限公司
0842 夏津县森乐羊绒有限公司
0843 夏津汇荣绒毛有限公司
0844 夏津县俊毅纤维有限公司
0845 夏津县春晓纺织有限公司
0846 夏津县夏鸿电脑刺绣有限公司
0847 夏津千堆雪绒毛制品有限公司
0848 夏津县汇鸿针织有限公司
0849 夏津县赫达润纺织有限公司
0850 夏津县美盛纺织有限公司
0851 夏津县特惠绒毛制品有限公司
0852 夏津县博凯纺织品贸易有限公司
0853 夏津县宏富纺织有限公司
0854 夏津皓通布业有限公司
0855 夏津仁丰纺织有限公司
0856 夏津县顺涵纺织有限公司
0857 夏津县联丰纺织有限公司
0858 夏津县福泰昌绒毛有限公司

0859 夏津县成泉纺织有限公司
0860 夏津县晟铭纺织有限公司
0861 夏津县鑫淼纺织有限公司
0862 夏津纳盛纺织有限公司
0863 夏津县路硕纺织有限公司
0864 夏津县九旭家纺有限公司
0865 夏津县晟邦新材料有限公司
0866 夏津县誉兴隆德纤维有限公司
0867 夏津县恒佳纺织科技有限公司
0868 夏津县洛克纺织有限公司
0869 夏津县明珠纺织有限公司
0870 夏津县成奥纺织有限公司
0871 夏津县原荣纺织有限公司
0872 夏津县致初羊绒制品有限公司
0873 夏津县松德纺织有限公司
0874 夏津县广顺棉业有限公司
0875 夏津县凯文棉业有限公司
0876 夏津胜祥绒毛有限公司
0877 夏津县鑫运纺织有限公司
0878 夏津县佳达纺织有限公司
0879 德州美丝特纺织品有限公司
0880 夏津瑞旺棉业有限公司
0881 夏津县道盛纺织有限公司
0882 夏津县高合绒毛有限公司
0883 夏津县欧麦纺织有限公司
0884 夏津县丁伟羊毛加工有限公司
0885 夏津佳富优纺织有限公司
0886 夏津德冠无纺布有限公司
0887 夏津县华怡纺织品有限公司
0888 夏津缘梦鑫家纺有限公司
0889 夏津二和绒毛有限公司

0890 夏津县润邦纺织有限公司

0891 夏津县巨鑫纺织有限公司

0892 夏津县刚强纤维有限公司

0893 山东安裕家纺有限公司

0894 夏津县泰朋纺织有限公司

0895 夏津佰润纺织有限公司

0896 夏津县兴明纺织有限公司

0897 夏津县智坤纺织有限公司

0898 夏津县聚永棉业有限公司

0899 夏津县皓晨绒毛有限公司

0900 夏津县亚德纺织有限公司

0901 夏津县召泰棉业有限公司

0902 夏津县普丰纺织有限公司

0903 夏津仁辰纺织有限公司

0904 夏津县瑞达源纺织有限公司

0905 夏津同色线业有限公司

0906 夏津县五朵花棉业有限公司

0907 夏津县君航纺织有限公司

0908 夏津县恒德纺织有限公司

0909 夏津县鸿琨绒毛有限公司

0910 山东卡缦纺织品有限公司

0911 夏津县康盛棉业有限公司

0912 夏津县利桃家居用品有限公司

0913 夏津县恒正纺织有限公司

0914 夏津县拓丰纺织有限公司

0915 夏津县春硕纺织有限公司

0916 夏津县景临纺织有限公司

0917 夏津县汇都毛纺有限公司

0918 夏津县万祥棉业有限公司

0919 夏津县昌昊纺织有限公司

0920 夏津县康锦纺织有限公司

0921 夏津县广运纺织原料有限公司
0922 夏津县华美工艺品有限公司
0923 夏津县诚悦纺纱厂
0924 夏津县泰柏纺织有限公司
0925 夏津县荣丰纺织厂
0926 夏津县润通纺织有限责任公司
0927 夏津县兴隆纺织有限公司
0928 夏津县新天润纺纱厂
0929 夏津县盛达源纺织品有限公司
0930 夏津县怡宇毛纺有限公司
0931 夏津县天宏纺织有限公司
0932 山东鑫瑞娜家纺股份有限公司
0933 夏津中绵针织有限公司

十一、庆云县（21家）

0934 庆云县富民棉花收购加工有限公司
0935 德州君庆纺织有限公司
0936 山东元亨利达纺织有限公司
0937 庆云县伟建防水帆布有限公司
0938 庆云宝丰棉纺织有限公司
0939 庆云县智森袜业有限公司
0940 庆云县联谊纺织服饰有限公司
0941 庆云金枝纺织品有限公司
0942 庆云浴之花日用品有限公司
0943 山东孚得源生态纺织科技有限公司
0944 山东合益无纺布制品有限公司
0945 庆云县梓宸纺织有限公司
0946 庆云县鑫鼎无纺布制品有限公司
0947 山东京懋环保科技有限公司
0948 山东林诺无纺布制品有限公司

0949 庆云秀霞丝网加工有限公司
0950 庆云鑫轩篷布有限公司
0951 山东永盛篷布有限公司
0952 山东加泰无纺布有限公司
0953 庆云县腾智无纺布制品有限公司
0954 庆云萌慧渔具有限公司

参考文献

一、专著参考文献

[1] 白建华、刘凤侠：《信息检索与利用》，北京：中国农业大学出版社2017年版。

[2] 蔡玉秋、肖晓旭：《商品学》，北京：中国电力出版社2016年版。

[3] 陈芬萍主编：《课程与教学论新编》，合肥：安徽大学出版社2012年版。

[4] 陈玉顺、乔中：《医药学信息检索与利用》，北京：中国医药科技出版社2014年版。

[5] 笪佐领、沈逸君、陆思霖等：《网络信息检索实用教程》，南京：南京大学出版社2016年版。

[6] 董卫军、高飞：《网络信息检索与利用》，北京：电子工业出版社2014年版。

[7] 方松屏：《现代文献检索概论》，哈尔滨：东北林业大学出版社2016年版。

[8] 冯秀玉：《纺织文献检索与利用》，大连：大连理工大学出版社1989年版。

[9] 《纺织品技术规则与国际贸易》编委会：《现代纺织工程 纺织品技术规则与国际贸易》，北京：中国纺织出版社2004年版。

[10] 高云、滕胜娟：《文献与检索》，北京：中国纺织大学出版社1996年版。

[11] 和正荣、陈克巧：《信息检索与利用》，重庆：重庆大学出版社2000年版。

[12] 胡晓春：《电子数据库资源在期刊编辑出版中的应用》，兰州：甘肃人民出版社2014年版。

[13] 江楠、成鹰、于洁等：《信息检索技术》（第2版），北京：清华大学出版社2015年版。

[14] 靳小青、柴雅凌、林求德：《科技文献检索教程》，青岛：青岛海洋

大学出版社 1993 年版。

[15] 柯平：《信息检索与信息素养概论》（第 2 版），北京：高等教育出版社 2015 年版。

[16] 李海东、许志强、邱学军：《信息资源检索与利用》，北京：中国铁道出版社 2020 年版。

[17] 李济群：《现代科技信息检索导航》，北京：中国纺织出版社 2004 年版。

[18] 李永璞：《社会科学文献检索与利用简明教程》，济南：山东大学出版社 1988 年版。

[19] 廉慧：《历史学文献检索与利用》，济南：山东人民出版社 2015 年版。

[20] 刘婧、韩普、崔梅等：《网络信息资源检索与利用》，北京：电子工业出版社 2018 年版。

[21] 刘湘萍、李建波、赵春玲等：《科技文献信息检索与利用》，北京：冶金工业出版社 2014 年版。

[22] 陆佳平：《包装标准化与质量法规》，北京：印刷工业出版社 2007 年版。

[23] 罗嘉惠：《因特网基础和网上资源查询》，武汉：武汉大学出版社 2002 年版。

[24] 马晓光、陈泰云、尹戎：《现代文献信息资源检索与利用》，呼和浩特：内蒙古人民出版社 2008 年版。

[25] 马志颖编著：《当代课程与教学论》，上海：上海交通大学出版社 2020 年版。

[26] 彭莲好、王勇主编，朱宁副主编：《现代信息检索基础教程》，武汉：华中科技大学出版社 2014 年版。

[27] 乔颖、赵文嘉、罗盈主编：《文献检索与利用》，成都：电子科技大学出版社 2019 年版。

[28] 饶宗政：《现代文献检索与利用》（第 3 版），北京：机械工业出版社 2020 年版。

[29] 石祥云：《护理专业论文写作》，北京：科学技术文献出版社 2010 年版。

[30] 孙思琴、郑春彩：《医学文献检索 供临床医学专业用》（第 4 版），北

京：人民卫生出版社2018年版。

[31] 汤云、王双萍、慕艳平等：《商品学实用教程》，北京：人民邮电出版社2014年版。

[32] 滕胜娟、唐丽菲：《现代信息检索》，北京：中国纺织出版社2002年版。

[33] 汪楠、成鹰：《高等院校公共基础课规划教材 信息检索技术》（第4版），北京：清华大学出版社2020年版。

[34] 汪楠、成鹰、曹辉等：《信息检索技术》（第3版），北京：清华大学出版社2017年版。

[35] 汪楠、成鹰、孙颖等：《信息检索技术》，北京：清华大学出版社2014年版。

[36] 汪楠、张炎：《信息检索方法与实践》，沈阳：东北大学出版社2007年版。

[37] 王金祥、王志学、李玉凤：《信息咨询学》，西安：陕西科学技术出版社1994年版。

[38] 王立诚：《科技文献检索与利用》（第6版），南京：东南大学出版社2020年版。

[39] 王良超、高丽：《文献检索与利用教程》，北京：化学工业出版社2014年版。

[40] 王鑫、马翠凤、蔡秀华：《地学信息资源检索与利用》，北京：地质出版社2019年版。

[41] 王玉香：《信息检索与利用》，沈阳：东北大学出版社2020年版。

[42] 吴兴春、张大为：《纺织工程情报检索教程》，上海：中国纺织大学出版社1996年版。

[43] 吴秀珍、屈冠军、李洪亮等：《信息素质教育文献检索》，北京：中国文史出版社2006年版。

[44] 吴英梅、李书宁、李晓娟：《文献信息资源建设》，北京：现代教育出版社有限公司2021年版。

[45] 谢华：《中国报纸创刊号图史》（第1卷），哈尔滨：哈尔滨出版社2013年版。

［46］徐庆宁、陈雪飞主编：《新编信息检索与利用》（第4版），上海：华东理工大学出版社2018年版。

［47］薛琳：《文献信息检索与利用》，郑州：河南人民出版社2006年版。

［48］杨晓峰、高昂：《企业标准自我声明公开实践指南》，北京：中国标准出版社2018年版。

［49］姚乐野、叶艳鸣、龚胜泉等：《信息检索与利用》，北京：世界图书出版公司2009年版。

［50］张宝泉、孙秀惠、李志超：《地方文献检索概论》，兰州：敦煌文艺出版社2019年版。

［51］张玲、吴秀珍、王文英等：《信息管理与检索》，北京：中国文史出版社2005年版。

［52］张倩苇：《信息素养 开启学术研究之门》，北京：北京理工大学出版社2020年版。

［53］张艳萍主编：《旅游教学理论与实践》，北京：中国旅游出版社2016年版。

［54］朱正伦、李小燕编著：《工具书使用指南》，北京：现代教育出版社2020年版。

二、期刊参考文献

［1］陈惠兰：《纺织学科数据库评介》，载《上海高校图书情报学刊》，2000年第3期。

［2］陈江璋：《基于"OBE"理念的电气工程及其自动化专业课程体系的研究与实践》，载《电脑知识与技术》，2017年第23期。

［3］陈锐、刘秀丽、傅永梅等：《高校图书馆信息检索服务智能转型研究》，载《黑龙江科学》，2022年第3期。

［4］陈耀廷：《四十年代中国纺织期刊杂谈》，载《中国近代纺织史》，1998年第5期。

［5］崔鹤：《1976—2017年高等职业教育研究的引文脉络分析——基于WoS核心合集及中国引文数据库的研究》，载《中国高教研究》，2018年第1期。

［6］崔明：《Web of Science核心合集查收查引异常案例分析》，载《内蒙

古科技与经济》，2020年第10期。

[7] 崔艳红：《我国企业档案信息集成的路径研究》，载《卷宗》，2021年第2期。

[8] 樊晓莉：《文献传递与原文文献的获取》，载《农业网络信息》，2007年第3期。

[9] 冯秀玉：《有关几种纺织化学文献磁带库的检索途径》，载《国外纺织技术》，1986年第1期。

[10] 傅骏、蔺虹宾、吴代建等：《基于文献计量学的国内铸造CAE文献综述》，载《装备制造与教育》，2015年第2期。

[11] 郭红转、李琛、章靖平：《轻工业手工业核心期刊的文献计量分析》，载《安徽工程科技学院学报》（自然科学版），2010年第1期。

[12] 郭瓦力、王希民：《CA的光盘数据库检索方法》，载《化学世界》，2002年第6期。

[13] 李仙、马海莹：《关于SMC400型混条机劈条问题的探讨》，载《毛纺科技》，1997年第6期。

[14] 李志义：《对我国工程教育专业认证十年的回顾与反思之一：我们应该坚持和强化什么》，载《中国大学教学》，2016年第11期。

[15] 李智健：《论构建年鉴学的学科体系》，载《年鉴信息与研究》，2009年第2期。

[16] 李自新、桑士忠：《EPC总承包商对外工程"本土化"管理探究》，载《科技与企业》，2014年第3期。

[17] 梁斌、许小红：《析服装企业的断针和检针管理制度》，载《中国纤检》，2007年第6期。

[18] 廖迎红：《试论高校图书馆的教育、服务职能》，载《内蒙古科技与经济》，2019年第9期。

[19] 刘强：《基于OBE理念的"软件工程"课程重塑》，载《中国大学教学》，2018年第10期。

[20] 刘涛、刘静伟：《丝绸纺织服装标准的应用研究》，载《丝绸》，2003年第5期。

[21] 罗巨涛：《提高棉针织物活性染料染色质量的方法》，载《针织工

业》，1997 年第 6 期。

[22] 戚伟敏：《DOS—CHEM 液体助剂自动计量和分发系统》，载《染整科技》，1997 年第 6 期。

[23] 裘愉发：《第五届上海国际纺博会丝绸产品印象》，载《丝绸》，2003 年第 5 期。

[24] 任成梅、马丽仪、洪成等：《大数据技术专利发展情况分析》，载《科技经济导刊》，2018 年第 1 期。

[25] 宋世华：《苏联〈化学文摘杂志〉》，载《医学信息学杂志》，1987 年第 4 期。

[26] 唐成元：《梁平县科委张榜招聘农民情报员效果良好》，载《科技情报工作》，1984 年第 7 期。

[27] 王彩霞、孙永军：《影响针织保暖内衣保暖性因素的探讨》，载《青岛大学学报》（工程技术版），2002 年第 2 期。

[28] 王吉、梁军、张杰：《压差法测定微量水份 K 值的实验体会》，载《合成纤维》，1997 年第 6 期。

[29] 王劲松：《Internet 上免费外文医学期刊全文的获取途径》，载《临床与实验病理学杂志》，2005 年第 5 期。

[30] 王晶、李茜、高雪芹等：《基于文献计量分析的植物多倍体诱导研究进展》，载《草业科学》，2021 年第 10 期。

[31] 王静、阎雅娜：《OAIster——开放存取数字资源的一站式检索平台》，载《图书馆杂志》，2009 年第 5 期。

[32] 王栓栓：《高职院校图书馆数字资源使用绩效提高的策略探究》，载《评价与管理》，2022 年第 1 期。

[33] 韦瑛：《高职院校图书馆数字资源绩效提高途径探析》，载《职教论坛》，2016 年第 23 期。

[34] 吴川灵：《中国近代纺织期刊统计分析及其研究意义》，载《东华大学学报》（自然科学版），2018 年第 3 期。

[35] 吴川灵：《中国近代行业组织与企业出版的纺织期刊评述》，载《东华大学学报》（社会科学版），2020 年第 1 期。

[36] 徐惠君、魏静：《转杯纺的标准化》，载《现代纺织技术》，2013 年第

1期。

[37] 徐岩、刘桂仁、安蕌等：《2000—2012年山东科技大学论文被SCIE收录情况统计分析》，载《山东科技大学学报》（自然科学版），2013年第5期。

[38] 许建梅：《纺织专业"文献检索"课程的教改探讨》，载《纺织服装教育》，2012年第6期。

[39] 许建梅：《以提高信息素养为导向的纺织类专业研究生"文献检索"课程内容构建》，载《纺织服装教育》，2018年第5期。

[40] 许建梅、林红、丁远蓉：《基于OBE理念的纺织类专业"文献检索"课程教学改革》，载《纺织服装教育》，2020年第1期。

[41] 杨舒卉：《新时代军队院校图书馆数字资源建设研究》，载《中国管理信息化》，2019年第21期。

[42] 于红玮：《〈世界纺织文摘〉的变革》，载《中国纺织》，1998年第1期。

[43] 于世花、王荣宗：《石油相关课题科技查新数据库选用及介绍》，载《内蒙古科技与经济》，2010年第11期。

[44] 张琳：《图书馆数字资源统计工作研究与实践——以国家图书馆为例》，载《图书情报导刊》，2020年第8期。

[45] 张秀玲：《〈全国报刊索引〉的作用和不足》，载《中华医学图书情报杂志》，2009年第1期。

[46] 张阳、王瑄、沈兰萍等：《锦棉户外织物的拒水拒油整理》，载《合成纤维》，2016年第6期。

[47] 赵功群：《古腾堡计划评析与电子图书发展诸因素之思考》，载《图书馆建设》，2008年第3期。

[48] 郑敏：《新入职查新员学习及工作思路探析》，载《技术与市场》，2016年第2期。

[49] 周晓鸥：《纺织学科外文文献全文获取的方法和途径》，载《东华大学学报》（社会科学版），2010年第2期。

[50] 朱宗霞、倪晓建：《索引的编制方法》，载《图书与情报工作》，1991年第1期。

[51] 诸小红：《中等专业技术学校电子阅览室的建设初探》，载《南昌教

育学院学报》,2011 年第 3 期。

[52] 祝永红:《ST-2 膨化剂在涤纶染色中的应用》,载《毛纺科技》,1997 年第 5 期。

[53] 卓漫红:《浅析现阶段体育学科馆员利用数字资源服务的基本途径》,载《电子世界》,2016 年第 18 期。